Gert G. von Harling

WOHIN DIE JAGD MICH RIEF

Abenteuergeschichten auf vier Kontinenten

Müller Rüschlikon

Einbandgestaltung: R2 I Ravenstein, Verden

Titelfoto: Frank Eckler; Foto auf Umschlagrückseite: MaciejBledowski/stock.adobe.com; Foto auf Umschlagklappe vorn: Gert G. von Harling; Foto auf Umschlagklappe hinten: giedriius/stock.adobe.com

Bildnachweis: Die Bilder im Innenteil stammen von **Remo Engelbrecht**: S. 72, 76, 78, 80/81; **Nadine Grimm**: S. 148/149, 152/153; **Gert G. von Harling**: S. 6, 34, 118/119, 126/127; **Moritz von Oertzen**: S. 136/137, 146, 150 sowie von **Adobe Stock/stock.adobe.com**: Dirk70 S. 3; veneratio S. 4, 8/9, 102/103, 159; baksiabat S. 7; LuisGregorio S. 12; Liddy Lange S. 14; alexanderoberst S. 17, 62; giedriius S. 19, 105; SGR Photography S. 20/21; pict rider S. 22; Gisela S. 24/25; WildMedia S. 26; Ana Gram S. 29; José 16 S. 31; Ronny Behnert S. 32/33; petrsalinger S. 37; szczepank S. 41, 48; EdLantis S. 42/43; Bernd Wolter S. 44; zoyas2222 S. 50; Shutter81 S. 52; bridgephotography S. 55; Alexander von Düren S. 56; Jason Reid S. 58; Steve Oehlenschlager S. 60/61; Rionegro S. 64; adrenalinapura S. 67; MeisterFoto S. 68; ksuksa S. 70/71; Sergey Novikov S. 82/83; ekim S. 84; Gregory Johnston S. 87; Erik Mandre S. 89, 96/97; Kertu S. 90/91; Dovydas S. 92; foto4440 S. 95; bortnikau S. 98; Regina S. 100; MaciejBledowski S. 107; panifuzja S. 108/109; ufotopixl10 S. 110; Andreas Edelmann S. 112/113; peter_qn S. 114; slowmotiongli S. 116; Dawid G S.121; Paul S. 123; Kevin S. 124; Vinod S. 129; Kwest S. 131; Klaus Heidemann S.132; GizmoPhoto S. 135; Agami S. 138; Pablo Avanzini S. 140; reisegraf S. 143; Nino S. 144/145; SobrevolandPatagonia S. 155; juan pablo carro/EyeEm S. 156/157.

ISBN 978-3-275-02233-5

Postfach 103743, 70032 Stuttgart
Ein Unternehmen der Paul Pietsch Verlage GmbH & Co. KG

1. Auflage 2021

Sie finden uns im Internet unter www.mueller-rueschlikon-verlag.de

Gesamtleitung: Claudia König
Lektorat: Angelika Glock
Innengestaltung: Angelika Glock
Grundlayout: Kornelia Erlewein
Druck und Bindung: Graspo CZ, 76302 Zlin
Printed in Czech Republic

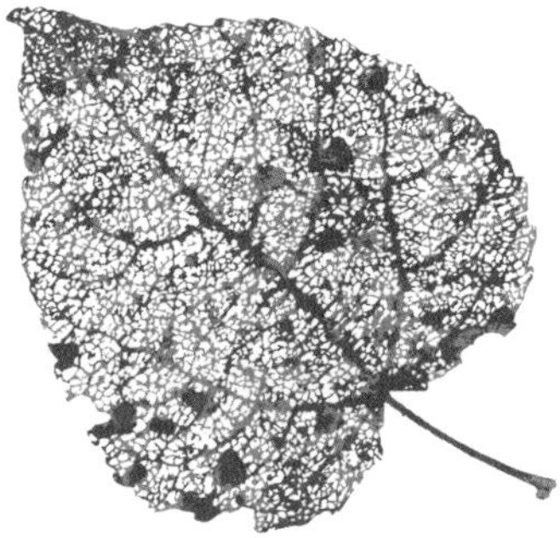

Zwei Seelen und ein Gedanke, zwei Herzen und ein Schlag!
Freiherr v. Münch-Bellinghausen
aus: „Der Sohn der Wildnis“, Wien 1842

Gewidmet meinem Freund Dr. Sigurd Lehmann-Tolkmitt

Reminiscere, putz die Gewehre;
Oculi, da kommen sie;
Laetare, das ist das Wahre;
Judica, sie sind noch da;
Palmarum, trallarum,
Quasimodogeniti –
Halt, Jäger, halt, jetzt brüten sie!
(Alter Merkvers zum Schnepfenstrich)

Vorwort

„Es wird im Leben dir mehr genommen als gegeben." Der große Tenor Joseph Schmidt hat dieses Lied als Erster gesungen.

Wenn ich es höre, denke ich an die Jagd, bin dabei allerdings weniger pessimistisch. Jagd, das bedeutet für mich Einsamkeit, Ehrfurcht, Entbehrung, Erschöpfung, mitunter auch Qual. Steht am Ende der Erfolg, ist das Gefühl, das mich erfüllt, mit nichts zu vergleichen. Vor den Erfolg haben die Götter den Schweiß gesetzt. Nichts trifft dieser Satz besser als die Jagd. Es sind die anstrengenden Jagden, an die ich mich besonders erinnere, nicht die, bei denen mir die Beute sozusagen in den Schoss gefallen ist. Die Jagd ist gerechter als das Leben: Von ihr wird zurückgegeben, was genommen worden ist, und das mit Lohn und Gewinn, sie hat mir nichts geschenkt, aber viel gegeben.

Wenn einer auf Safari geht, dann kann er was erzählen. So geht es auch mir. Mein berufliches Leben und meine Jagdleidenschaft führten mich auf alle Kontinente und durch viele Länder dieser Erde. Allein rund drei Dutzend Mal habe ich Afrika bereist.

Mein Leben und wie ich es gestaltet habe, ist für junge Menschen heute schwer nachzuvollziehen. Ich bin konsequent meiner Passion gefolgt. Trotz guter Voraussetzungen verzichtete ich in einer Zeit, in der alte Werte nicht mehr so positiv gesehen und vertreten wurden, auf eine erfolgreiche Karriere, wählte einen Weg, der nicht zeitgemäß war. Dabei wurde mir klar: Keine Gesetze, keine Verordnungen, Verbote, freiwilligen Einschränkungen oder Bestimmungen werden die Jagd, die ethisch-moralischen Grundsätze, wie sie mir in der Jugend vermittelt wurden, retten. Die einzige Chance, das Waidwerk in seiner bewährten konservativen Form zu erhalten, liegt darin, das, was wir erfahren durften, der folgenden Generation mit Konsequenz weiterzugeben. Moral und Ethik, Verständnis, Gefühl und Demut vor der Schöpfung kann man nicht durch Gesetze regeln oder beeinflussen.

Gert G. von Harling
Lüneburg, zur Zeit der
Hirschbrunft 2021

Jagen in vertrauten Revieren …

Keine Sauen im Mais

Weit über 50 Prozent der landwirtschaftlichen Nutzfläche wird in Deutschland nicht mehr für die menschliche Ernährung, sondern für die Energieerzeugung bestellt. Bewusst wird mir das, als ich Kilometer für Kilometer an nicht enden wollenden Maisschlägen links und rechts der Straßen, die von der Lüneburger Heide Richtung Mecklenburg führen, vorbeifahre. Wegen der extremen Trockenheit sind viele Felder schon abgeerntet, manche, damit sich die Stoppeln noch schneller umsetzen, bereits wieder umgebrochen, auf neue Bestellung wartend. Wo Schwarzwild vor Kurzem noch Fraß und Deckung im Überfluss fand, halten Kranichschwärme nun Nachlese. Der Kreislauf in der Landwirtschaft wird von Jahr zu Jahr schneller, die Erde stöhnt unter dem Raubbau, die Natur kommt kaum noch zur Ruhe.

Sauen hatten in dem Mais gewütet, die Schäden waren enorm, wie mir der Landwirt erzählte. Bevor sich der Tag verabschiedet hatte, war ich mit meinem Hund einige Meter in das Feld hineingeschlichen. Von außen war keine Spur von Wildschaden sichtbar. Kaum war ich aber in den Schlag eingedrungen, stand ich vor riesigen platt gewalzten Flächen, übersät mit niedergerissenen Maisstängeln, angefressenen Kolben und frischer Schwarzwildlosung. Kreuz und quer hatten die Sauen breite Wechsel in die Frucht getrampelt. Aber nicht nur Schwarzwild hatte hier gewütet, auch Dachse hatten sich an den Feldfrüchten gütlich getan, wie ich an einzelnen an- und abgebissenen Kolben und Spindeln erkennen konnte.

Am Abend hatte ich dann an einem Dornenverschlag gesessen, kein Wild gesehen. Als es dunkel war, hatte ich mich mit meiner Hündin zum Schlafen an den Waldrand gelegt, um nun, beim ersten Licht, „den Erzfeinden der Kultur", wie Johann Wolfgang v. Goethe die Schwarzkittel bezeichnete, auf die Schwarte zu rücken, an dem riesigen Schlag entlangzupirschen und sie auf dem Ein- oder Auswechsel abzupassen.

Es ist bereits so hell, dass ich die Ricke, als sie mit ihrem Kitz vertraut aus dem Mais über den Blühstreifen zwischen Waldrand und Acker zieht, von meinem Lager aus ansprechen kann. Mein Hund hat die beiden nicht bemerkt, blickt in die andere Richtung, dorthin, wo das Auto steht. Die Nacht war kalt und feucht. Hose und Jacke sind völlig durchnässt. In den letzten Tagen war es heiß gewesen, der Wetterbericht hatte weitere Hitze vorausgesagt, und ich bin guter Hoffnung, dass die Sonne bald höher steigt und ihre Strahlen wärmer werden.

Erwartungsvoll pirschen wir los. Ich voller Zuversicht, Diva etwas missmutig. Ihr behagt der hohe nasse Bewuchs nicht. Ein Hase hoppelt davon, darauf bedacht, nicht die breite Fahrspur einer Spritzmaschine mitten auf dem Grünstreifen zu verlassen. Offenbar ist es ihm ebenfalls unangenehm, durch das knöchel-, mitunter kniehohe Gewirr der Gründüngung zu springen.

Zeitweilig habe ich in der tiefen Dämmerung das Gefühl, mich auf dem Grünstreifen wie durch einen Tunnel zu bewegen, rechts die dunkle Waldkulisse, links eine Wand aus gut drei Meter hohen Maisstauden.

Kolkraben rufen, immer wieder melden sich auch Kraniche. Vor nicht allzu langer Zeit galten beide noch als „heilige Kühe“ von Vogel- und Naturschutzorganisationen. Nun sind die Besätze höher als die vieler anderer Vogelarten. Wie Sauen profitieren auch sie von dem übermäßigen Maisanbau in der Umgebung.

Allmählich verzieht sich die Dämmerung. Wir sind kaum eine Viertelstunde gelaufen, da ist es bereits fast hell, und nach einer weiteren Viertelstunde stoße ich, eingerahmt von hohen Schlehenbüschen, auf einen Ansitzbock. In der vergangenen Nacht haben die Schweine in unmittelbarer Nähe gebrochen, den Boden so umgewühlt, dass die schwarze Erde großflächig aus dem Grün hervorsticht. Der Sitz ist vermutlich seit den Drückjagden im Herbst von keinem Jäger mehr genutzt worden, auf Brüstung und Sitzbank haben sich Moos und Flechten angesiedelt.

Vorsichtig steige ich hinauf und erkenne an den Spuren im feuchten Gras, dass aus dem Feld vor höchstens einer Stunde Schwarzwild in die Dornen gezogen ist, mehrere Stücke, wie sich unschwer aus den umgelegten und umgeknickten Gräsern, Blättern und Halmen rückschließen lässt.

Hinter dem dichten Dornenverhau biegen an noch fast grünen Ebereschen orangerote Vogelbeeren die Zweige ernteschwer nach unten, senden mit wunderschön leuchtenden Früchten Signale in knalligen Farben an viele Liebhaber aus und locken vor allem gefiederte Sänger an. Zwischen dieser Baumart und den Vögeln besteht anscheinend eine Art ökologische Beziehung zum gegenseitigen Nutzen. Die Vögel bekommen mit dem

Fruchtfleisch der Beeren Nahrung und verbreiten im Gegenzug die Samen der Eberesche. Daher auch ihr volkstümlicher Name „Drosselbeere". Unter einheimischen Bäumen und Sträuchern ist die Vogelbeere bei fruchtfressenden Vogelarten die beliebteste aller Wildfrüchte.

Die Sonne nimmt nun schnell an Kraft zu. Die Schatten der hohen Maispflanzen werden kürzer. Bald leuchten sie in hellem Licht, oben noch grün, das untere Drittel braun, als hätten sie zu lange im Wasser gestanden.

Weiter geht unsere Pirsch zwischen Feld und Forst. Hinter einer Biegung tritt eine Ricke aus dem Mais. Von der Sonne beschienen, leuchtet ihre Decke rot auf. Das ihr folgende bräunlicher gefärbte Kitz strotzt ebenfalls vor Kraft und Gesundheit. Ich stehe wie versteinert, während die Büchse auf dem Zielstock ruht, und beobachte zufrieden, wie die beiden vertraut im Wald verschwinden.

Angestrengt lausche ich immer wieder. Leises Knistern und Knirschen, sanftes Rauschen und Raunen der trockenen Maisblätter, aber kein Quietschen, Blasen, Grunzen oder sonstiger Laut, der auf Sauen hindeutet.

Der Schlag ist fast zwei Kilometer lang. Über drei Viertel davon haben wir bereits hinter uns gelassen. Das behutsame Schleichen im Zeitlupentempo wird in dem hohen Bewuchs immer mühsamer, erste Ermüdungserscheinungen machen sich bemerkbar. Gegen 8.00 Uhr, nach zwei Stunden Pirsch, ist es so heiß, dass ich überlege, den Rückweg anzutreten. Da zieht ein Bock aus dem Maisfeld und verhofft drei Meter vom Rand entfernt. Weil er in die entgegengesetzte Richtung sichert, bemerkt er nicht, dass ich das Glas hochnehme, den Pirschstock vor mich aufstelle und meine Büchse in Position bringe. Durch das Zielfernrohr betrachte ich ihn mir nun genauer. Er ist nicht jung, nicht alt, nicht stark, nicht schwach, nur unauffällig. Ein Freund bezeichnet solche Böcke als 08/15-Böcke, für mich ist aber jedes Lebewesen, jeder Bock etwas Besonderes.

Da wendet er sein Haupt zu mir, und ich registriere den Schreck in seinen Lichtern, als er mich eräugt und die Gefahr erkennt. In hohen, federnden Fluchten springt er ab.

Als ich kurz darauf erneut stehen bleibe, um zu lauschen, ob sich nicht doch noch Sauen im Mais verraten, knackt es neben uns. Erst leise, verhalten, dann lauter und näher. Wildkörper streifen an harten Pflanzen entlang. Diva blickt ebenfalls gebannt zum Rand des Maisfeldes, aber der grüne Dschungel gibt sein Geheimnis nicht preis.

Tief atme ich durch. Längst liegt der Vorderschaft meiner Büchse wieder in der Schießgabel. Über das Zielfernrohr hinweg versuche ich zwischen den Maisstielen eine Bewegung auszumachen, doch nichts Auffälliges ist zu erkennen. Das Knistern, Prasseln und Brechen kommt näher. Dann ist es plötzlich ruhig.

Mit der Stille steigt die Spannung. Die Hündin steht neben mir und bebt am ganzen Körper. Fast unmerklich geht ihre Rute hin und her, ungewöhnlich, denn bei Schwarzwildbegegnungen sitzt sie sonst vollkommen erstarrt, wie ein Denkmal, und rührt sich nicht von der Stelle.
Und dann steht mitten auf dem Blühstreifen, wie hingezaubert, ein Rottier. Uns trennen nur 40 Gänge. Während es unbekümmert äst, folgen ein Hirschkalb und ein schwacher Spießer.
Der Schuss bricht, Sekundenbruchteile später dumpfer Kugelschlag, mein Puls erhöht seine Schlagzahl, und die drei sind verschwunden, zurück ins Maisdickicht geflüchtet.
Während ich zum Anschuss stapfe, trabt die Hündin vor. Im Dämmerlicht der hohen Stauden erkenne ich in dem ausgelaugten nackten Erdboden – die industrielle Agrarwirtschaft duldet keinen Raum für andere Pflanzen – Eingriffe und wenig später Lungenschweiß.
Diva sucht bereits weiter und ist nicht mehr zu sehen. Gebannt lausche ich. Nichts ist zu vernehmen, nur das sachte Spiel des Windes mit den Maisblättern dringt an meine Ohren.
Da raschelt es. Die Hündin kommt zurück. Auffordernd blickt sie mich an, und ich weiß, der Spießer liegt nicht weit vor uns im Maisdschungel. 20 Meter folge ich ihr, dann stehe ich vor ihm.
Es kostet mich viel Schweiß, unsere Beute aus dem dichten Urwald herauszuziehen. Die nun störende Büchse auf dem Rücken, muss ich das Stück quer zu den Drillreihen zerren. Unter lautem Bersten und Krachen hinterlasse ich in der Frucht eine breite Schleifspur der Verwüstung, erhöhe den Schaden, den die Sauen bereits verursacht haben, beträchtlich.
Als der junge Hirsch aufgebrochen ist, träume ich mit dem Hund noch eine halbe Stunde lang neben ihm in den frühen Vormittag, während fünf Kolkraben über uns ihrer Umwelt verkünden, dass frische Atzung am Boden wartet.
Der Verkehr auf der zwei Kilometer entfernten Landstraße wird lauter. Zu den Motorengeräuschen der Autos gesellen sich ratternde Landmaschinen. Die Arbeit auf den Feldern beginnt, die besinnliche Ruhe, der Friede der Nacht sind dahin.
Schließlich schultere ich meine Büchse und ziehe unsere Beute über das längst von der Sonne getrocknete Gras mühsam hinter mir her, zurück zum Auto. Als ich schweißgebadet dort anlange, bewegt sich eine riesige Staubwolke auf dem

benachbarten Acker. Der schwere Traktor mit der großen Egge im Schlepptau ist kaum zu erkennen. Für den Fahrer hat wieder ein arbeitsreicher Tag begonnen. Ich bin froh, dass ich nun Muße habe, um erschöpft, aber dankbar mit meinem Hund gemeinsam Rückschau auf eine erfolgreiche Morgenpirsch zu halten.

Weitgerecht

Auf der Jagd in Nordfriesland kamen zwar reichlich Hasen vor, doch das Verhältnis der Schützen zu den erlegten Kreaturen stimmte nachdenklich: Nur 46 Mümmelmänner lagen auf der Strecke. Bevor sie verblasen wurden, trug mir der Wind wahre Wundergeschichten über weite Schüsse der Mitjäger zu, die Münchhausen alle Ehre gemacht hätten: „Nicht geschossen ist auch vorbeigeschossen“, meinte einer. „Habe es mal versucht, obwohl er viel zu hoch war, hätte ja klappen können“, hörte ich von einem anderen, der den Begriff „Hohe Jagd“ wörtlich genommen hatte, und während des feierlichen „Jagd vorbei“ und „Halali“ kam mir das folgende Zwiegespräch mit einem Jäger nach einer Gamsjagd in den Sinn.

„Ich musste auf 310 Gänge schießen“, schwärmte der eine Jäger. „Mein Entfernungsmesser zeigte exakt 366 Meter, mein Führer sagte, eine Handbreit drüberhalten, und es hat geklappt“, meinte ein anderer, und der dritte Kunstschütze fügte hinzu: „Ich hatte keine andere Wahl, der Bock war über 350 Schritte entfernt.“ Die „Waidmänner“ waren sich einig: Schüsse im Gebirge unter 300 Meter sind eher die Ausnahme.

Mit entsprechender Technik und unter günstigen Witterungsbedingungen mag ein versierter Sportschütze imstande sein, eine Gams auf diese Distanz zu töten. Waffenspezialisten ebenso wie Pirschführer, die auf solche Entfernungen einen Anschuss finden, gibt es aber nicht viele. In alten Jagdberichten liest man über Lebensstrecken von mehreren 1.000 Stück Gamswild. Damals waren Weitschussgewehre, Hochrasanzpatronen, stark vergrößernde Optik und Entfernungsmesser unbekannt, war Jagd anspruchsvolles Waidwerk, kein technischer Tötungsakt. Wer über weite Distanzen auf Wild schießt, baut innerlich eine Distanz zu seiner Beute auf, entfremdet sich von ihr. Manche Schützen glauben zu jagen, doch es ist lediglich leidenschaftsloses Liquidieren von Lebewesen, wenn sie den Sinnen der Tiere ausgeklügelte Technik entgegenstellen.

Jagen an sich muss Freude machen. Lauern, Schleichen und schließlich das sichere Strecken der Beute aus gerechter Entfernung oder aber ohne Beute, doch voller Erlebnisse heimkehren und nicht aus unangemessener Entfernung einfach technisch zu töten, das ist Waidwerk.

Wie ein englischer Jagdfreund es einmal auszudrücken pflegte: „Man sollte nicht die Handicaps abschaffen, die den Sport ausmachen."

„Du brauchst keine Sternwarte auf deiner Büchse, krieche gefälligst an das Wild heran, du bist Jäger und kein Kunstschütze", schnauzte mich unser alter Wildmeister Mackerodt an, als ich mir im zarten Alter von 16 Jahren ein Zielfernrohr wünschte.

Jagen bedeutet für mich draußen sein, den würzigen Waldboden riechen, die Natur schmecken, den Wind fühlen, die Umgebung mit allen fünf Sinnen im wahrsten Sinne des Wortes „begreifen", die Zeit im Revier bis zum Letzten auskosten, in Wettstreit mit der Kreatur treten, den „Gegner" überlisten. Um erfolgreich zu jagen, muss ich mein Gegenüber, die Umwelt und ihre Bewohner verstehen, mich auf ihre Ebene begeben, ihnen im wahrsten Sinne des Wortes nah sein, dazu gehört auch, sich ihnen unbemerkt zu nähern. Joschka, mein ungarischer Jagdfreund, und ich versuchten in unserer Jugend, uns gegenseitig mit sportlichen Leistungen im Kriechen, Robben und Pirschen sowie im Messen unserer Sinne mit denen des Wildes zu übertreffen. Ein Stück Wild bis auf 15, 20 Meter anzugehen und zu erlegen, das war wirkliche Jagd, Jagen nach unserem Herzen. Stupides Warten auf einer Kanzel, womöglich noch an einer Äsungsfläche, überließen wir gerne den „Alten".

Als Jungen wetteten wir, wer lautloser ein Stück Wild anpirschen kann. Eine dieser Wetten habe ich in Erinnerung, als hätten wir sie gestern erst abgeschlossen: Wir saßen auf einer

Kanzel, und kaum 100 Gänge entfernt äste ein Rudel Damwild. Joschka stieg die Leiter hinunter und kroch im knöchelhohen Gras auf das Rudel zu, während ich ihn gespannt durch das Fernglas beobachtete. Als er schließlich zwei, höchstens drei Meter von einem Schmaltier entfernt war, sprang er auf und gab ihm, deutlich durch das Glas zu erkennen, einen Klaps auf die Keule. Mit diesem Bravourstück hatte er die Wette gewonnen!

Diese Episode kommt mir in den Sinn, als ich frühmorgens vorsichtig auf dem Schotterweg um die Ecke eines Feldgehölzes biege und weit, sehr weit vor mir, knapp 250 Meter entfernt, ein Rudel Damwild entdecke. Zwei Tiere mit Kälbern, ein Schmaltier und ein jüngerer Hirsch mit unglaublich zerrissenen Schaufeln äsen vertraut in einem Rübenschlag. Es ist nicht das Erstaunen über die plötzliche Begegnung, sondern eher Routine, die mich sofort platt auf den Erdboden drücken und in niedrigster Gangart 20 schmerzvolle Meter über groben Kies und spitze Steine zurückkriechen lässt. Mein Hund folgt mir.

Guter Rat ist nun teuer. Zwischen mir und dem Rudel liegt eine deckungslose, fast kahle Fläche, aber im Osten steht ein weiteres kleines, lichtes Feldgehölz, das mir notdürftig Deckung geben könnte. In seinem Schutz will ich versuchen, näher an das Rudel heranzukommen, ohne dass es mich bemerkt. Der Wind steht gut. Geduckt schleiche ich, den Hund dicht an meiner Seite, in die Richtung, in der vor einer knappen Stunde die Sonne über der kleinen Feldholzinsel aufgegangen war. Als wir sie erreichen, ich vorsichtig durch die Zweige luge, sind die sechs immer noch gut 200 Gänge entfernt.

Einen Schuss, bei dem Glück im Spiel wäre, um zu treffen, mag ich nicht riskieren. Will ich näher heran, muss ich es auf allen vieren unmittelbar am Rand der kleinen Insel versuchen, denn das Gehölz ist zugewuchert mit Brennnesseln und Holunderbüschen, der Boden mit trockenen Ästen und toten Zweigen übersät.

Leise mache ich meiner Hündin klar, dass sie zurückbleiben muss. Sie kennt solche Situationen, blickt mich zwar flehentlich an, setzt sich dann aber und schaut mir interessiert nach, während ich schlangengleich auf dem staubigen Boden über hartes, verdorrtes Gras krieche. Nackte Haut auf nackter Erde, Steine und vertrocknete Erdklumpen drücken sich schmerzhaft in Handballen, Ellenbogen und durch den Stoff der Hosenbeine in die Knie. Endlos lang wirkt die Strecke, weil es nur im Schneckentempo vorangeht und dazu immer die Gefahr besteht, dass mich das Wild trotz niedrigster Gangart wahrnimmt.

Ein winziger Dorn bohrt sich in meinen Handballen. Ich lege mich auf die Seite, um ihn herauszuziehen, richte mich anschließend kurz auf und sehe, dass sich die sechs nicht weiter fortbewegt haben. Sobald ich meinen Kopf nur etwas höher recke, kann mich das Wild wahrnehmen, ich drücke mich also wieder flach auf den Boden. Dabei muss ich am Rand des lichten Bestandes bleiben, auf dem Feld müsste ich quer zu den Reihen kriechen – ein aussichtsloses Unterfangen.

Auf meinem linken Unterarm will sich ein kleiner Käfer in Sicherheit bringen, kriecht geschwind bis zu meinem Hals und fällt zurück ins Gras. Dort versucht er einen Halm zu erklimmen und plumpst erneut zu Boden. Ich halte mich nicht mit dem Bestaunen des munteren Kerlchens auf, sondern robbe weiter durch den trockenen Sand. Der Beutetrieb ist stärker als das Interesse an dem kleinen Insekt.

Als ich nach fünf Minuten wieder vorsichtig den Kopf hebe, steht das Rudel noch immer an derselben Stelle. Eine fast unmerkliche Windböe weht über das Rübenfeld, lässt die taufeuchten Blätter kurz aufblitzen, und eine kleine braune Motte taumelt dicht vor meiner Nase davon.

Weiter geht es. Schweiß dringt ob der ungewohnten Anstrengung in meine Augen, trotzdem lasse ich meinen Hut auf der Erde zurück. Ellenbogen und Knie schmerzen, harte Grasstummel bohren sich schmerzvoll in meine Handflächen, aber ich komme voran, habe mich bereits weitere 50 Meter genähert, als sich die sechs Stücke langsam von mir fortbewegen.

Nach einem weiteren fünfminütigen Martyrium erreiche ich eine unscheinbare Senke, kann 20 Meter tief geduckt laufen, ohne von ihnen bemerkt zu werden. Die „Erholungspause“ währt aber nur kurz, schon muss ich wieder den Staub küssen und in ganzer Körperlänge Kontakt mit dem Boden aufnehmen, um näher heranzukommen.

Ohrenbetäubende Stille, die in meinen Ohren rauscht. So dicht mit dem Kopf am Erdboden, nehme ich die Gerüche unterschiedlicher kleiner Pflanzen intensiver war als beim aufrechten Gehen, vermeine das Flüstern des kurzen Grases, das von meinem Körper niedergedrückt wird, zu vernehmen, höre das Sirren der winzigen Insekten und atme den Duft der würzigen Erde. Trockene Blätter knistern unter meinen Knien. Streift meine

Jacke eine Brennnesselstaude, raschelt es leise, fast flüsternd, dass man es kaum vernimmt. Weitere zehn Meter habe ich nun zurückgelegt, ohne dass die Stücke mich bemerken. Aber das reicht mir nicht, ich will noch näher heran. 20 Meter vor mir, am Rand des Gehölzes, steht eine Gruppe wunderschön leuchtender fast zwei Meter hoher Königskerzen. Sie geben mir zwar auch keine Deckung, aber bis dahin quäle ich mich noch, lasse dort das störende Fernglas zurück, krieche noch ein kleines Stück und mache eine weitere Pause, als sich ein Wadenkrampf ankündigt.
Dann hebe ich wieder behutsam den Kopf, um den Hirsch durchs Zielfernrohr anzuvisieren. Er ist knapp 120 Gänge entfernt. Ein kurzer Blick zurück, Diva kann aus ihrer Position das Wild nicht sehen, starrt unbeweglich mich an.
Vorsichtig setze ich mich auf. Als der Hirsch breit steht, schmiegt sich die Schaftkappe des Gewehrkolbens an meine Schulter. Meine Augen und die Laufmündung sind, als seien sie durch eine unsichtbare Linie mit der erhofften Beute verbunden, starr auf den abnormen Schaufler gerichtet. Ruhig, ohne Hast, sucht der gekrümmte Finger den Druckpunkt am Abzug, und der Schuss bricht. Die Wucht des schweren Geschosses wirft den Hirsch von den Läufen, und ein kräftezehrendes, aber erfüllendes Jagderlebnis findet, nachdem der Knall verklungen ist, seinen Abschluss.

Je schwieriger es ist, ein Stück Wild zu erlegen, desto befriedigender ist die Jagd. Als ich die Werbung für Weitschussseminare las: „Weite Schüsse – leicht gemacht", dachte ich wieder an den Ausspruch meines alten Lehrmeisters Mackerodt: „Du bist Jäger und kein Kunstschütze!"
Das Erlebnis zählt mehr als das Ergebnis. „The hunt starts within the last hundred yards", formulierte es einmal ein schottischer Jagdfreund.

Der Trägerschuss

Bereits lange bevor der Begriff Umweltpolitik in aller Munde war, gab es das deutsche Jagdgesetz, das Land- und Forstwirten Arten- und Wildtierschutz auferlegt. Jeder Grundbesitzer besitzt demnach auf seinem Grund und Boden das Jagdrecht, mit dem die Pflicht zur Hege verbunden ist, und die hat laut gültigem Jagdgesetz die Erhaltung eines den landschaftlichen und landeskulturellen Verhältnissen angepassten artenreichen und gesunden Wildbestandes sowie die Pflege und Sicherung seiner Lebensgrundlagen zum Ziel.

Demnach haben sich viele Land- und Forstwirte nicht gesetzeskonform verhalten, denn sie haben zugelassen, dass die Lebensgrundlagen mancher Arten in Deutschland großflächig zerstört wurden. Anstatt abwechslungsreicher Fruchtfolgen sind dem Wild vielerorts nur riesige Mais- und Rapsschläge, statt bunter Mischwälder eintönige Nadelholzmonokulturen geblieben – Wald vor Wild, Mais vor Rebhuhn, Douglasie vor Reh.
Das Wild hat sich notgedrungen darauf eingestellt. Auch in einförmigen Fichtenbeständen stehen mitunter starke Böcke.
Für mich stand fest: Ich gehe noch einmal in den dunklen Fichtenbestand, in dem ich im letzten Jahr, am letzten Tag eines verlängerten Blattjagdwochenendes, eine Begegnung mit einem alten Bock hatte. Mein Freund, Herr über das 1.500 Hektar große Waldrevier dämpfte meine Begeisterung zwar, dort wäre seit vier Tagen der Harvester im Einsatz, zahlreiche von Borkenkäfern befallene Fichten wären bereits gefällt, und der Waldarbeiter würde mit seiner riesigen Maschine bis spät in die Nacht für Unruhe in dem Revierteil sorgen. Ich ließ mich aber nicht beirren.
Zumindest ein kurzes Wiedersehen wollte ich mit der Stelle feiern, an der ich im Vorjahr mit dem Buchenblatt so erfolgreich gewesen war, leider aber nicht mit der Büchse.

Als ich am frühen Nachmittag mit meinem Hund in die Abteilung komme, ist alles ruhig. Von dem großen Bestand sind nur noch wenige Bäume stehen geblieben. Auf einer angrenzenden Schneise entdecke ich den monströsen Holzernter und seinen ebenfalls gewaltigen „Herren", der, auf dem Boden sitzend und an einen der überdimensionalen Reifen gelehnt, an einer riesigen Brotstulle kaut und sich freut, dass jemand etwas Abwechslung in seine Waldeinsamkeit bringt. Großzügig gibt er meinem Hund einen Teil seines Brotes und redet ohne Pause auf mich ein. „Mehr zu hören, als zu reden, solches lehrt uns die Natur, sie versah uns mit zwei Ohren, doch mit einer Zunge nur", lernte ich einst von unserem Wildmeister und will mich rasch verabschieden, aber da erfahre ich, dass der Mann seine Arbeit für heute abgeschlossen

hat und innerhalb der nächsten halben Stunde verschwinden wird. Mühsam erhebt er sich, reicht mir die Hand, versichert, dass es ihn sehr gefreut hat, mich kennengelernt zu haben, und meint, als ich meine Büchse, die ich an eine der letzten stehen gebliebenen Fichten gelehnt hatte, schultere: „Da hinten", und dabei zeigt er in eine Wildnis aus Brombeeren, Birken, Traubenkirschen und Ebereschenanflug, „da steht immer ein Rehbock, der hat so hohe Stangen." Währenddem hält er seine Hände gut einen Meter auseinander, um zu demonstrieren, wie hoch der ominöse Bock geschoben hat.
Kaum hat der Mann es ausgesprochen, erscheint vor meinem geistigen Auge aus dem Nebel der Vergangenheit wieder der starke Sechser, der seinen Einstand in eben dieser Wildnis gehabt hat, der mich nach unserem ersten und bisher letzten Zusammentreffen immer wieder beschäftigt hat.
Es war am 4. August. Ich erinnere jede Einzelheit unserer Begegnung, als hätte sie erst gestern stattgefunden. Noch einmal lasse ich den damaligen Ansitz in Gedanken an mir vorüberziehen.
Der Abend am Tag meiner Ankunft auf dem Gut war lang geworden. Die Gespräche über Hunde, schwierige Nachsuchen und schlechte Schüsse ließen uns erst spät einschlafen. Ich hatte vehement Trägerschüsse verteufelt, gefordert, dass solch Verhalten geahndet werden müsste, und mich von dieser Meinung nicht abbringen lassen. Zu viel Leid hatte ich mit meinen Hunden bereits mit ansehen müssen.
Auf die Frühpirsch hatte ich damals verzichtet, mich gegen 11.00 Uhr an den Fuß einer Fichte gesetzt. Vor mir lag die verwucherte Parzelle aus Beerengerank und anderem dichten Gesträuch, auf die der Waldarbeiter eben noch gezeigt hat.
Ich hatte dem Buchenblatt erst drei oder vier Fieptöne entlockt, da nahm ich am Rand eine Bewegung wahr. 70 Gänge mochten es bis dahin gewesen sein. Da stand „Er", äugte unverwandt in meine Richtung. Nur ein gewaltiges Gehörn sowie ein verschwindend kleines Stück des Trägers machte ich durch das Glas aus. Sofort dachte ich an unsere Gespräche vom Vorabend, zirkelte den Bock aber trotzdem durch das Zielfernrohr an. Ruhig, sehr ruhig, zeigte das Fadenkreuz des vierfachen Absehens auf den Träger, doch ich beherrschte mich. Nach drei, vier Atemzügen war der kleine rote Fleck verschwunden, um dann erneut im Zielfernrohr zu erscheinen. Der Bock hatte eine Mücke oder Fliege abgewehrt, für mich wieder eine Bestätigung, wie leichtsinnig Trägerschüsse sind – wie groß das Risiko, keinen sofort tödlichen Schuss anzutragen, hätte ich in diesem Moment geschossen. Meine Anspannung ließ zwar nach, je länger ich mein so verführerisches Gegenüber betrachtete, doch ich wurde immer nervöser. Der Bock stand unverändert, wie aus Stein gehauen, und äugte zu mir her. Obwohl ich regungslos, gleich einer Statue,

dasaß, reckte mein Gegenüber sein Haupt mit dem begehrenswerten Gehörn noch etwas höher. Der Träger erschien fast vollständig frei im Zielfernrohr und bot ein kaum zu verfehlendes Ziel. Der Anblick der betörenden, reizvollen Rehkrone ließ meinen Puls bis in die Ohren trommeln. „Eigentlich kann da ja nichts schiefgehen", versuchte ich mir einzureden, und der innere Kampf entbrannte aufs Neue. Die Verlockung wurde immer stärker. Wieder ging ich im Zeitlupentempo in Anschlag. Da schlug der Bock abermals mit dem Windfang nach irgendwelchem Ungeziefer. Trotzdem, die Versuchung blieb bestehen. Irgendwann wäre ich ihr gewiss erlegen, hätte gegen meine Überzeugung auf den Träger geschossen, da kam Bewegung in den Starken. Er tauchte wieder unter, war unsichtbar für mich. Ich setzte die Waffe vorsichtig ab und wischte mir den Schweiß von der Stirn. Kurz darauf bewegten sich einige Büsche, und der Bock war im Geheimnis der Deckung verschwunden. Ein leichter Luftzug im Genick: Der Wind küselte und hatte mich vor weiteren Skrupeln bewahrt.

Ich ärgerte mich nur kurz über die verpasste Gelegenheit, entspannte mich und war schließlich sogar froh, dass ich meinen Prinzipien treu geblieben war und nicht geschossen hatte. Trotzdem spukte der Bock ein ganzes Jahr lang durch meine Gedanken.

Es ist zwar unwahrscheinlich, dass er nun, nach einem Jahr, nach den Holzfälleraktionen der letzten Woche, den Unruhen, immer noch seinen Einstand hier hat, aber ich will einfach noch einmal hier sitzen. Wahrscheinlich würde ich kein Wild sehen, aber es ist ein schöner Platz, trotz der Holzarbeiten immer noch eine reizvolle, wunderbare Umgebung.

Von der Fichte, an deren Fuß ich vor einem Jahr gesessen hatte, steht nur noch, wie eine stumme Anklage, der Baumstumpf. Auf der hellen Oberfläche kann man an den Jahresringen das Alter des Baumes ablesen. Es ist eine bequeme Sitzgelegenheit, ich könnte, wie damals, die Umgebung und das Gestrüpp gut einsehen, doch die meisten Bäume rundherum sind verschwunden, ich säße wie auf dem Präsentierteller. 40 Gänge weiter hat der Käfer mehrere Stämme noch verschont. Vorsichtig schleiche ich dorthin, setze mich auf einen harzigen Baumstumpf und hänge, nachdem ich einige Ästchen und Zweige auf dem Boden zur Seite gescharrt habe, meinen Gedanken nach.

Mein Hund hat sich zusammengerollt und schläft fest. Die absolute Stille vermittelt Harmonie, stille, innere Freude und verführt zu wohligem Dösen.

Ein schwarzer Vogel mit leuchtend kaminrotem Schopf streicht heran, fußt an einer trockenen Fichte und bearbeitet sie, dass die Späne fliegen. Weit hallt das Klopfen des Schwarzspechtes durch das Stangenholz. Für Spechte und andere gefiederte Insektenfresser herrschen durch die Borkenkäfer geschaffene paradiesische Verhältnisse.

Bis zu 18 Mal pro Sekunde hämmern Spechte mit ihrem Schnabel gegen einen Baumstamm, wenn sie ihre Signale an die Umwelt, an Partner oder Rivalen, aussenden. „Ob wohl Naturvölker von diesen Vögeln ihre Trommelsprache abgelauscht oder übernommen haben?“, sinniere ich. Da streicht der große Vogel davon und ist im Nu zwischen den wenigen von den Käfern noch verschonten Stämmen verschwunden. Während der Fichtenbestand durch die gefällten Käferbäume sehr licht geworden ist, hat sich der Wildwuchs der kleinen Insel weiter ausgebreitet, ist dichter und höher als in meiner Erinnerung.

Und dann habe ich plötzlich das Gefühl, als hätte sich in der Gestrüppinsel vor mir etwas verändert, bin mit einem Mal hellwach. Ich habe zwar nichts gehört, auch keine Bewegung wahrgenommen, trotzdem verharre ich stocksteif, bewegungslos, besitze so viel Selbstbeherrschung, dass ich meine Körperhaltung um keinen Zentimeter verändere. Erst nach gefühlten ewig langen drei Minuten wage ich es vorsichtig, das Glas, das vor meiner Brust hängt, mit Pausen Millimeter um Millimeter vor meine Augen zu heben. Und dann erkenne ich im Wechselspiel von Licht und Schatten, verdeckt durch Blätter, Gräser und Zweige, einen roten Wildkörper und wenig später ein ungewöhnlich hohes Sechsergehörn. Der rote Fleck wird zu dem Bock, den ich vor einem Jahr an derselben Stelle pardoniert habe, weil sein Blatt nicht frei war, und der seitdem 360 Tage lang in meinem Kopf herumspukt.

Behutsam ziehe ich mein rechtes Knie an den Körper, schaffe mir eine passable Auflage und greife gleichzeitig zur Büchse neben mir auf dem Boden. Kaum drückt der Schaft vor meine Schulter, zieht der Bock aus seiner dichten grünen Deckung zwischen die Baumstümpfe und steht frei, zerstört mein Schuss den Frieden des Spätnachmittags.

Lange hielt ich mit meinem Hund Totenwacht. Manch einer wird dies aus der Mode gekommene Zeremoniell nicht nachvollziehen können, für mich ist es jedes Mal etwas Besonderes, und ich möchte es nicht missen. Und diesmal war ich besonders dankbar, empfand die vergangenen Stunden als Belohnung dafür, dass ich im vergangenen Jahr standhaft geblieben und meinen Prinzipien nicht untreu geworden war.

Wenn ich ein Rehbock wär …

„Wenn du einen heimlichen Hirsch, gewitzten Keiler oder alten Bock nicht bekommst, hol den Harling, der schafft das!“ Dieser Ruf geht mir bei der Ehefrau eines Gutsbesitzers voraus, der nach der Wende den alten Familienbesitz in Mecklenburg zurückerworben hatte und stöhnte, dass er wegen der vielen Arbeit auf seinem Betrieb kaum Zeit finde, sich um Kanzeln, Hochsitze, Wildäcker, Kirrungen usw. zu kümmern. Es gibt wenig jagdliche Einrichtungen, jedoch viel Wild in dem großen Eigenjagdrevier, nicht wie im Westen viele Hochsitze und wenig Wild. Es mag schmeichelhaft klingen, aber ich fühlte mich bei solcherlei Erwartungen unter Zugzwang, versuchte in erster Linie, meinen Ruf als Jäger zu verteidigen, doch Eitelkeit gegenüber der Damenwelt spielte ebenfalls eine große Rolle. Ich hatte viel Zeit und konnte daher in einer relativ kurzen Zeitspanne einen großen Teil des Abschusses erfüllen. Als ich wieder eingeladen wurde, diesmal, um einen wild gewordenen Rehbock, der in unmittelbarer Nähe des Herrenhauses sein Unwesen trieb, Rosen verbiss und junge Obstbäume verfegte, zu erlegen, erwartete mich eine ziemliche Herausforderung. Was würde man über mich erzählen, wenn ich erfolglos bliebe? 300 Meter vom Herrenhaus entfernt wurde der Rehbock seit März regelmäßig beobachtet, ein offenbar älterer Herr mit respektablem Sechsergehörn und einer zusätzlichen Stange, wahrscheinlich ein Dreistangenbock. Das klang erfreulich!

Weniger erfreulich war, dass der passionierte Hausherr schon mehrmals versucht hatte, ihn auf die rote Decke zu legen. Die Angestellten des Hofes hatten nämlich so einen großen Bock mit drei Hörnern vorher noch nie gesehen, in der Nachbarschaft darüber erzählt, und die Jäger der Umgebung wussten demnach auch über ihn Bescheid.
Weil er mit der Bewunderung der Nachbarn über sein Waidmannsheil rechnete, falls er den Bock erlegte – der blöde Wessi ist ja tatsächlich doch nicht so doof –, hockte der Herr über fast 1.000 Hektar, sobald es seine knappe Zeit erlaubte, auf einem Sitz, den ein passionierter Lehrling nach endlosen Überlegungen und Diskussionen fachgerecht in eine große Weide, wenige Hundert Meter vom Herrenhaus entfernt, an der Obstbaumplantage gebaut hatte.
Der Bewuchs unter den jungen Bäumen wurde wöchentlich gemäht, glich somit einem gepflegten englischen Rasen, auf dem jedes Reh ins Gras beißen würde, weil es keinen nahrhaften Halm mehr zu finden imstande wäre. Der Bock wurde aber just in den Momenten, in denen er über diese eintönige Fläche zog, sehr oft beobachtet, doch seit einem Monat ward er nun nicht mehr gesehen, war wie vom Erdboden verschluckt. Die anfängliche Begeisterung ließ nach, wich schließlich Frustration, und der Jagdherr verspürte nach vielen erfolglosen Ansätzen keinen Drang mehr, sich auf die Weidenleiter zu setzen, hatte eingesehen, dass es wenig zielführend war, fantasielos auf dem Hochsitz auf ihn zu warten.

Als ich nach der Hirschbrunft zu Besuch komme – in einer denkbar schlechten Zeit, um einen Bock zu schießen, die Deckung ist noch perfekt, Böcke brauchen ihren Einstand nicht zu verlassen, Kräuter, Gräser wachsen noch buchstäblich in den Äser –, kommt das Gespräch bald auf den Unhold, und die Dame des Hauses schlägt vor, ich möge mich um ihn kümmern, sie von dem Bösewicht befreien. „Wenn du dem Harling den Bock freigibst, ist der so gut wie tot, der Bock natürlich, nicht der Harling“, meint sie. Der Jagdherr ist nicht sonderlich amused, willigt aber ein und zeigt mir anhand einer Karte die Umgebung des vermeintlichen Einstandes.
Ausgiebig studiere ich noch einmal die detaillierte Flurkarte. Im Süden ein großes Feld. Im Osten führt eine verhältnismäßig viel befahrene Dorfstraße an einer für deutsche Verhältnisse dünn besiedelten Landeinsamkeit der mecklenburgischen Idylle entlang. Morgens fahren hier Dorfbewohner zur Arbeit in die Kreisstadt, Kinder mit dem Rad oder im Bus zur Schule, Störungen, die ein älterer Rehbock, der Ruhe und Bequemlichkeit sucht, gewiss nicht schätzt. Im Norden befindet sich ein mit Schilf umgebenes Wasserloch.

Zur Mittagszeit, andere Menschen und Wild ruhen normalerweise während dieses Tagesabschnitts, schleiche ich an dem vermutlichen Einstand des „Schadbockes" entlang bis zu einem großen Maisfeld. Dass sich in dieser Monokultur, in der außer Mais kein anderes Pflänzchen geduldet wird, Rehwild wohlfühlt, glaube ich nicht, kehre daher um, finde zahlreiche Plätz- und Fegestellen und sitze dann auf der stabilen Leiter, die auch noch den Enkel des Besitzers mit Leichtigkeit überdauern wird, an der Obstbaumplantage. Störendes Astwerk und Gezweig wurde sorgfältig entfernt, ich habe freie Sicht über die sterile Fläche nach allen Seiten. Im Süden blicke ich gegen einen riesigen Schwarzdornverhau. Gewiss 20 × 20 Meter ist er groß, dahinter erstreckt sich der Maisschlag. Auf dem höchsten Zweig der Hecke thront eine Goldammer in ihrem gelben Gefieder. Ihr Lied ist kaum zu überhören. Sie wiederholt es immer und immer wieder, stets mit der ihr eigenen besonders gedehnten Schlussnote: „Ein kleines bisschen Mehl und kein Grie-ieß", hört die Landbevölkerung sie so seit Jahrhunderten rufen.

Aus dem wenige Hundert Meter entfernten Dorf dringen Radiomusik, Motorengeräusche, fröhliches Kinderrufen herüber und machen den Ansitz nicht wirklich zu einem besinnlichen Naturgenuss. Andere Stimmen und eine andere Stimmung als im vertrauten Wald mit einem Rest ursprünglicher Natur. Die Zeit verrinnt nur zähflüssig, langsamer als in der Waldeinsamkeit, und ich habe viel Muße zum Nachdenken.

Ich bin zwei Wochen zuvor aus Kanada zurückgekehrt, wo ich mit einem Indianer zwei Tage lang einem Elch gefolgt war. Als wir uns am dritten Morgen aufmachten, der Fährte weiter nachzuhängen, zweifelte ich an einem Erfolg und wollte schon aufgeben. Ich war körperlich am Ende. Mein indianischer Freund aber war guten Mutes. „Was würdest du tun, wenn man dich verfolgte? Du musst dich immer in die Lage des Tieres versetzen, das du überlisten willst", meinte er und stapfte los. Er wusste, dass wir nicht weit von einem kleinen See entfernt waren, und war sich sicher, dass der Elch nach zwei Tagen Verfolgung, während der wir ihm keine Zeit zum Ruhen, Äsen, Wiederkäuen und Schöpfen gelassen hatten, zum Wasser gestrebt war. So war es auch.

Obwohl ich es hier ja nun nicht mit wirklich wilden Tieren zu tun habe, geht mir der Rat des Indianers nicht aus dem Sinn. Ich überlege, wie ich mich in dieser Umgebung als Rehbock verhalten würde, komme aber zu keiner Erkenntnis.

Am frühen Nachmittag schlendere ich zurück ins Dorf, um am Abend zur Weidenleiter zurückzukehren. Außer einer streunenden Katze und einem Schwarm Rabenkrähen sehe ich nichts, am nächsten Morgen lässt sich von der Weidenleiter aus ebenfalls kein Wild entdecken. Auf dem Rückmarsch treffe ich zwei Frauen. „Rehe gibt es hier", weiß die eine, die das verdorrte Gras unter einem zerfallenen Stacheldrahtzaun herauszieht, zu

berichten: „Die kommen morgens bis in den Garten und fressen meine Blumen ab“, und die andere, offenbar ihre Tochter, zeigt zu der hohen Schlehenhecke, wo sie frühmorgens gegen 6.00 Uhr, wenn sie zur Arbeit in die Stadt fährt, mehrmals ein Reh gesehen hat.
Am Abend versuche ich mein Glück an dem Wasserloch. Hier ist gewiss seit langer Zeit kein Mensch mehr gewesen. Schon von Weitem sticht mir ein unangenehmer, muffiger Geruch in die Nase. Es wimmelt nur so von Mücken, und in dem trockenen Gezweig eines abgestorbenen Baumes streiten sich drei Elstern. Als ich an dem Schilf entlangschleiche, steigen von dem grünen Teppich aus Entengrütze erschreckt paakend mehrere Stockenten auf.
Da erscheint eine Ricke, knochig, eckig, hager im Gebäude. Sie ist unruhig und schüttelt sich fast pausenlos. Die Mücken machen ihr sehr zu schaffen. Ein Kitz folgt, und zügig ziehen beide Richtung Maisacker. „Wo diese erfahrene alte Tante überlebt und sich angepasst hat, könnte auch ein Bock stehen“, grübele ich. Nun suchen reife Böcke zwar nicht unbedingt die Nähe zum weiblichen Wild, schon gar nicht zu dieser Jahreszeit, aber ich habe mehrfach beobachtet, dass sich ein alter „Herr“ mit einer älteren „Dame“ zusammentut, wahrscheinlich nach dem Prinzip: Vier Lichter sehen mehr als zwei – doch kein weiteres Reh lässt sich blicken.
Die Gesprächsfetzen, die der Wind vom Dorf herüberweht, werden weniger, leiser, verstummen schließlich, und auch der Verkehr auf der Straße lässt nach, und als es dämmert, sich das Licht zurückzieht, ich missmutig ins Dorf bummele, kommt mir ein junger Schlepperfahrer, der mir schon öfter wertvolle Tipps gegeben hat, wenn ich erfolglos aus dem Wald kam, entgegen. Er hat den Dreistangenbock frühmorgens trotz der noch herrschenden Dunkelheit erkannt. „Der treibt sich im Mais rum“, behauptet der Mann, „das ist die einzige Deckung im weiten Umkreis, wo er nicht gestört wird und in Ruhe äsen kann.“ Ich glaube allerdings nicht, dass der Bock dort seinen Einstand hat, und verbringe drei weitere Ansitze auf der Leiter.
Hier in unmittelbarer Nähe des Dorfes, wo die Zivilisation das Zepter schwingt, ist planvolle Strategie statt planlosen Sitzens gefragt. Grübelnd schlendere ich, als es hell ist und ich das vierte Mal erfolglos in der Weide ausgeharrt habe, zu dem Schwarzdorngestrüpp. Es ist weitaus größer als ich angenommen habe, mindestens 30 Meter lang und fast ebenso breit.
Auf der anderen Seite, vor dem Maisfeld, schlängelt sich von den Gärten am Dorfrand kommend ein breiter Schotterweg, an dem allerlei grüne Kräuter wachsen, entlang. Abfährten ist hier schwierig. Der harte Boden ist dicht mit kleinen Steinen bedeckt, aber am Rand erkenne ich im überwucherten Untergrund frische Trittsiegel. Zwei ausgetretene

Wechsel führen aus dem Maisschlag in das dichte, fast zwei Meter hohe Dornengewirr. Rehe wechseln nur ungern über groben Schotter, ziehen eher am Rand entlang. Bevor sie ein Gleisbett überfallen, zögern sie, überqueren es oft erst, wenn sie verfolgt werden. Knapp 50 Meter weiter beginnen die Gärten der Dorfbewohner, gewiss schmackhafte, abwechslungsreiche Äsung, aber ganz entscheidend: Zwischen Schwarzdorn und Maisacker befindet sich ein breiter Streifen „Unland", ein Stück Restnatur, verschont von Düngerstreuer und Giftspritze. Hier steht Klee, sprießen Kräuter und Gräser. Die Natur kennt keinen Acker. Er ist eine Schöpfung des Menschen, ist Bestandteil seiner Kultur, aber sich selbst überlassenes Ackerland kehrt in die Natur zurück. Dieser breite Streifen mit seiner Flora, dieses kleine grüne Refugium beweist es. Vom Sitz in der Weide ist es nicht zu sehen.

Schlagartig kommen mir die Worte meines indianischen Freundes in den Sinn: „Was würdest du machen, wenn du Rehbock wärest?" Ich würde nicht an das Wasserloch ziehen, wo zwar frische Äsung wächst und nur selten ein Mensch hinkommt, wo mir aber

Schreiben Sie uns und gewinnen Sie!

Unter den Einsendern werden jeden Monat 10 Büchergutscheine im Wert von jeweils € 50,– verlost.

Lieber Leser,

vielen Dank für Ihre Antwort.
Nur durch Ihre Anregungen und Ihre Kritik können wir uns ständig verbessern.
Bitte schreiben Sie uns doch auf dieser Antwortkarte, wie Ihnen das Buch gefallen hat.

Autor und Titel des Buches:

Meine Meinung zu diesem Buch:

☐ sehr gut ☐ gut ☐ weniger gut ☐ nicht so gut

Kommentar:

Mücken und anderes Ungeziefer das Leben erschweren, auch nicht in die Gärten mit ihren zugegeben verlockenden Kräutern, aber auch intensiven Störungen und schon gar nicht in die Obstplantage, in der zwar Ruhe herrscht, aber auf deren gepflegten Rasen nur wenig gehaltvolle Nahrung zu finden ist. Und natürlich würde ich keinesfalls in das sterile Maisfeld ziehen, sondern hin zu dem frischen Klee! Von dort könnte ich, mich in den Bock hineinversetzend, nach wenigen Metern in die große Hecke eintauchen oder auch im Mais verschwinden.

Bereits eine Stunde vor dem Hellwerden sitze ich am nächsten Morgen auf dem ausgedörrten harten Sandboden unter einer dicken Pappel am Rand des „Unlandstreifens" zwischen Mais und Schwarzdorn. Wohltuende Ruhe, das Dorf ist noch nicht erwacht. Ein Reh, und dann bin ich mir auch ganz sicher, ein Bock, bummelt vertraut, als sich im Osten der Himmel zu verfärben beginnt, am Rand des Schotterweges auf mich zu und lässt meinen Puls bis in die Ohren trommeln.

„Das ist des Waidmanns höchst' Gebot, was er nicht kennt, schießt er nicht tot!" Diese Regel lasse ich dieses Mal außer Acht. Für mich gibt es in der weiteren Umgebung keinen anderen Bock. Laut unterbricht mein Schuss die Stille des anbrechenden Morgens, und kurz darauf knie ich neben dem „Dreistangigen".

Hätte ich die Worte meines indianischen Freundes früher beherzigt, hätte ich ihn bereits lange vorher „überlistet".

Nachtgespenster

Von unserem alten Wildmeister Mackerodt habe ich gelernt, dass die Jagd auf den Feisthirsch im hochsommerlichen „Erntemond" der auf den Brunfthirsch im herbstlichen „Herbstmond" an Reiz und Spannung nicht nachsteht. Dabei war mein erster Feisthirsch, den ich in zartem Konfirmandenalter, der Fall ist ein halbes Jahrhundert her und längst verjährt, erlegte, kein wirklicher Feisthirsch, sondern ein ungerader Eissprossenzehner mit brandigen Enden.

Kaum ein Gramm Fett hatte er angesetzt, alle Energie in sein jugendliches Wachstum investiert. Ich hatte im August beim Abfährten ein Rudel Hirsche bestätigt. Nach meiner morgendlichen Pirsch zog Kahlwild vor mir über einen breiten Sandweg, und wenige Minuten später verhoffte am Rand der 30-jährigen Kieferndickung, wie ein Geist, statuengleich, minutenlang ein Hirsch. Je länger ich ihn durch das Glas betrachtete, desto stärker, vor allem älter wurde er in meiner Fantasie. Dass reife Hirsche in der Feistzeit nicht beim Kahlwild stehen und am hellen Vormittag umherziehen, wusste ich damals nicht. Nachdem auf knapp 40 Gänge stehend freihändig Kimme und Korn zitternd auf das Blatt des Hirsches zeigten, die Kugel ihr Ziel trotz des Jagdfiebers fand, stand ich vor allem anderen als einem heimlichen alten Feisthirsch. Mir klingt jetzt noch das Donnerwetter unseres Wildmeisters in den Ohren, er hatte mir eingebläut, dass ein Rothirsch als Feisthirsch gilt, wenn er beträchtliche Fettreserven gebildet hat und zu fegen beginnt, bis er, durch Brunftwitterung angeregt, ohne festen Wechsel umherzieht.

Bis dahin verlässt er seinen Einstand spätabends und zieht morgens so zeitig ein, dass man ihn selten bei Büchsenlicht zu Gesicht bekommt. Hat er gefegt und genügend Feist angesetzt, besteht kein Äsungsbedürfnis wie im Frühjahr oder Vorsommer, wenn er viel Energie benötigt, um zu schieben.

„Der Feisthirsch ist ein Waldgespenst, das du nur ahnst, doch niemals kennst! Denn wo du meinst, da steht er nicht, und wo du wartest, geht er nicht und ist nur hoch bei Sternenlicht. Jedoch bei diesem schießt du nicht.“

Diesen Spruch, von Wahrmund Riegler vor weit über 100 Jahren geprägt, habe ich mir zu Herzen genommen.
„Jetzt steht das Himmelsgestirn am höchsten, nun haben auch die Geweihe ihr Höhenwachstum vollendet“, hieß es früher zur Entwicklung des Bastgeweihs Ende Juni. Im Juli leiden Kolbenhirsche unter einer grauenhaften Plage, nämlich Stechfliegen, Mücken und ähnlichem Getier. Sie sitzen in unglaublichen Mengen auf den zarten Kolbenenden, um an dem blutgefüllten Gewebe zu saugen. Ununterbrochen schütteln die Hirsche dann das Haupt, und wie Rauchschwaden erheben sich die Quälgeister, um sich sofort wieder an derselben Stelle niederzulassen. Um vor dieser Plage Schutz zu finden, verbringen Basthirsche die Tage in der dunklen, Schatten spendenden Dickung. Glück, Geduld und genaues Wissen um das Wild und dessen Einstände sind dann Voraussetzung zur Erlegung eines reifen Hirsches. Im wahrsten Sinne des Wortes frisst dieser sich nun eine Feistschicht an, verbringt träge, ohne sich mehr als notwendig zu bewegen, geschweige denn umherzuziehen, seine Tage in der Kühle des Einstandes, während draußen die heiße Hochsommersonne auf das Land niederbrennt. Die Hirsche sammeln Reserven für die bevorstehende Brunft, die hohe Zeit des Rotwildes – und des Jägers.
Nun ist der Juli vorüber. Die Jagd auf den Feisthirsch beginnt. Die ersten Vögel rüsten bereits zum Aufbruch nach Süden, die lärmenden Mauersegler haben uns schon verlassen. Die gelben

Stoppeln wirken wie erste Vorboten des Herbstes, aber noch ist es nicht so weit. Die Bauern sind mit der Ernte auf den Feldern beschäftigt, auch für den Jäger ist der „Ernting", der Monat August, Erntezeit. Wie in den vergangenen Jahren hat ein vierköpfiges Feisthirschrudel auch heuer wieder seinen Einstand im Jagen 24 im elterlichen Revier. Solange ich denken kann, stehen hier von Juli, spätestens, wenn sich die Vogelbeeren rot zu verfärben beginnen, bis zum Beginn der Brunft Rothirsche. Nur Fährten auf dem breiten Sandweg, der sich zwischen Waldkomplex und Feldern dahinzieht, ab und an auch mal eine frische Schäl-, Schlag- oder Fegestelle, verraten die Hirsche, zu Gesicht bekam ich sie nicht.

Während ich Kahlwild und seinen Nachwuchs beobachte, bleiben die „Könige der Wälder" unsichtbar. Sie sind wahrscheinlich nicht heimlicher als zu anderen Zeiten des Jahres, lediglich phlegmatischer, brauchen nicht weit zu ziehen, um sich den Pansen zu füllen. Die Speisekammer „Wald und Flur" ist überreichlich gefüllt. Feld und Wald bieten Äsung in Hülle und Fülle: Himbeer- und Brombeerranken, frische Gräser, Triebe und leckere Kräuter sprießen auf jedem Quadratmeter des Waldbodens. Die Hirsche brauchen die schützende Deckung der Abteilung 24 kaum zu verlassen. Erst wenn es stockdunkel ist, wechseln sie in die nahe Feldmark und lange vorm ersten Licht die wenigen Hundert Meter zurück in die großen Dickungen.

„Es wächst mit der Äsung", sagen die Jäger, wohl wissend, dass das Wachstum des Kolbengeweihs nicht unerheblich von der Ernährung des Hirsches abhängt, und die ist nun in fast jeder Form ausreichend vorhanden. Anfangs glaubte ich, es gäbe keine Hirsche im Revier, bis ich Anfang Juli auf der Eschenbahn ihre Fährten fand. Auf Störungen reagieren alte Feisthirsche sehr empfindlich, daher mied ich ab sofort die Nähe des Einstandes dort.

Anfang August ist es brütend heiß. Nachdem es mehrfach nach Regen ausgesehen hat, die dunklen Wolken sich dann aber wieder verzogen haben, geht endlich ein wohltuendes Gewitter herunter, und ich hoffe, die Hirsche verlassen noch bei gutem Licht die nasse Dickung, um sich am Rand die Decke von der Sonne trocknen zu lassen.
Der Gesang einer Mönchsgrasmücke begleitet mich, als ich die Eschenbahn verlasse und in eine Schneise einbiege, die zu einer Suhle im Jagen 24 führt. Nach der wochenlangen Dürre ist sie, obschon bis auf ein Viertel ihrer ursprünglichen Größe ausgetrocknet, gut angenommen.
In den letzten Tagen habe ich die vier Hirsche wieder gefährtet und will nun die Mittagsstunden hier verbringen. Wahrscheinlich die einzige Möglichkeit, ihnen Erfolg versprechend nachzustellen. An den Äsungsflächen anzusitzen wäre sinnlos, da sie dort in der Regel erst bei völliger Dunkelheit erscheinen und sie vor dem Hellwerden wieder verlassen.
Ich bin guten Mutes, die Waldgespenster endlich zu Gesicht zu bekommen und mir Gewissheit zu verschaffen, denn bisher haben nur Fährten Aufschluss über ihre Anwesenheit, Anzahl und ihr ungefähres Alter gegeben.
Diva trottet lustlos bei Fuß. Die starke Hitze der letzten Tage behagt ihr nicht, aber nach dem Regen hat sich die Luft gottlob etwas abgekühlt. Sobald uns der Schatten des Waldes umfängt, wird die Hündin aufmerksamer, ahnt wohl, dass wir uns nicht auf einem gewöhnlichen Spaziergang befinden, sondern auf Beute aus sind.
20, vielleicht auch 30 Meter pirschen wir behutsam auf der zugewachsenen Schneise in Richtung des Schlammlochs, da nehme ich eine Bewegung wahr. Durch das Fernglas erkenne ich nichts Außergewöhnliches, doch dann erscheinen über den wild durcheinanderwuchernden Stängeln und Stauden, Blättern und Büschen drei „gekrönte Häupter“, werden aber sofort wieder vom dichten Grün verschluckt. Umschwirrt von einer Wolke Ungeziefer, äsen vor uns im hellen Sonnenlicht drei Hirsche. Lediglich ihre Rückenlinien sind zu erahnen und die Geweihe nur zu erkennen, wenn hin und wieder einer von ihnen aufwirft.
Die Entfernung beträgt höchstens 50 Meter. Ab und zu reckt einer sein Haupt über das grüne Gräsermeer, senkt es aber bald wieder tief in den Bewuchs, bevor ich es ansprechen kann.

Ein leichter Windhauch weht mir entgegen, vertreibt Mücken und Fliegen. Von Hund und Jäger können sie also keinen Wind bekommen. Ich bin zu einer grünen Salzsäule erstarrt, lasse mich lautlos ins Gras sinken, gehe in eine „Down-Lage", vor der jeder Hundeführer Hochachtung gehabt hätte, bin aber trotzdem nur spärlich durch wenige hohe Halme gedeckt. Reglos, flach wie eine Flunder, liege ich auf dem Boden, warte auf den Augenblick, da alle Hirsche weiteräsen. Die Hündin liegt neben mir. Da sie aus ihrer Höhe das Wild nicht sehen kann, blickt sie gespannt zu mir.
Endlich tauchen alle drei Hirsche gleichzeitig ihre Äser wieder in das dichte Grün, selbst die hohen Geweihe verschwinden im Bewuchs, und ich kann mich etwas bequemer ausstrecken. Aber schon sind sie wieder da, sichern nicht misstrauisch, eher gelangweilt in die Runde. Ich erkenne durch die achtfache Optik, wie die abgerissenen Grasbüschel Zug um Zug langsam im Äser verschwinden.
Dicht an den Erdboden gekauert, nur den Kopf vorsichtig etwas nach oben über das Gras gereckt, das Glas vor den Augen, habe ich Muße, jedes Geweih genau zu betrachten. Haupt für Haupt schaue ich mir an. Die Stangen sind zum Teil bereits gefegt, und bei einem Eissprossenzehner hängen schweißige Bastfetzen am Geweih. Sie sind mir durch das Glas so nah, dass ich sogar Fliegen auf den hellen Kolben erkenne.

Drei jüngere Hirsche, die nicht auf dem Abschussplan stehen, doch einer fehlt, ich hatte ja vier gefährtet. So sehr ich mich auch anstrenge, mit meinen Blicken durch das Fernglas das grüne Gewirr zu entzaubern, der vierte Hirsch, wahrscheinlich der älteste des Rudels, bleibt für mich unsichtbar.
Ein Eichelhäher krächzt. Wieder werfen alle drei ruckartig auf, erstarren zu lebenden Standbildern. Nur die Lauscher gehen unruhig hin und her, der Windfang scheint unbeteiligt an dem Versuch, die Gefahr zu orten. Akustische Störungen versuchen Wildtiere offenbar nur mit dem Gehörsinn zu deuten.
Ich wage kaum zu atmen. Da senkt der erste Hirsch seinen Äser zurück in das Grün, verschwindet von der Bildfläche, und auch die anderen beiden beginnen kurz darauf wieder zu äsen, werfen aber immer wieder unruhig auf. Nach bangen Minuten beruhigen sie sich schließlich, und es liegt tiefer Frieden über der Schneise.
Die Zeit vergeht zäh wie dickflüssiger Honig. Geduldig warte ich auf den Vierten im Bunde. Über eine Stunde mag ich schon flach auf dem Boden gelegen und den kleinen Trupp beobachtet haben, da ziehen alle drei gemächlich zurück in die Dickung. Kurzes Stangenschlagen, ein paar trockene Zweige knacken, dann ist der Spuk verschwunden, nicht einmal der Häher meldet sich.
Vorsichtig kriechen wir zurück, um die Idylle nicht zu stören. Mein Hund aufrecht und bequem, ich tief geduckt, sodass mein Rücken schmerzt, bis wir uns mehr als 100 Meter von dem Feisteinstand entfernt haben und auch ich unsere Pirsch erhobenen Hauptes beenden kann.

Trotz aller Vorsicht musste der Alte etwas von uns mitbekommen haben, was sein Misstrauen erweckt, ihn nachhaltig vergrämt hatte. Ich habe ihn nicht wieder gefährtet, geschweige denn zu Gesicht bekommen, das Waldgespenst, das du nur ahnst und niemals kennst.

Nur ein schwacher Spießer

„Die wichtigste Voraussetzung, um mit deinem Hund ein eingespieltes, erfolgreiches Gespann zu bilden", so lernte ich von unserem Wildmeister Mackerodt, „ist gemeinsames Beutemachen." Ich hatte das Glück, meine jungen Hunde nach Herzenslust Hasen jagen zu lassen. Erst wenn sie nach zehn, 20 oder mehr Hetzen erschöpft und erfolglos zu mir zurückgekehrt waren, leinte ich sie an, schoss vor ihnen mehrere Krumme, und so lernten sie schnell, dass es ertragreicher ist, bei mir zu bleiben, als allein zu hetzen. Mit mir zu jagen heißt Beute machen. Für Jäger gilt die alte Weisheit: „Jagen ohne Hund ist Schund". Für meine Hunde gilt: „Jagen ohne Herr ist zwecklos!"

Meine Hunde werden auf Gesellschaftsjagden oft herzlicher und fröhlicher begrüßt als ich. Viele Jäger kennen sie, vielen haben sie in unerfreulichen oder fast aussichtslosen Situationen geholfen. So auch auf einer der letzten Drückjagden im Sachsenwald. Diva, meine erfahrene Bayerische Gebirgsschweißhündin, hat Vorrang, erst wenn sie gebührend bewundert und gekrault worden ist, reicht man mir die Hand. Anschließend lauscht die Korona respektvoll der Begrüßung durch den Jagdherrn.

„Schießen Sie bitte beherzt, meine Herren, wir hinken mit dem Abschussplan hinterher, das gilt auch für Rehböcke", heißt es in der Ansprache. Einige Gäste diskutieren freudig über die großzügig auszulegende Freigabe, zwei alte Jäger schütteln kommentarlos mit dem Kopf, während der Gebieter über 1.000 Hektar gepachtete Jagdfläche seine Rede mit den Worten beendet: „Vor allem bei den Zuwachsträgern bitte ich, nicht zögerlich zu sein – und: Bitte denken Sie daran, ausschließlich bleifreie Munition zu verschießen!" Es folgen entspannende, gleichwohl nachdenkliche Stunden auf dem Ansitzbock und später ermunterte Aufregung, als ich nach dem Drücken mit meiner Hündin zum Streckenplatz zurückkehre: „Herr von Harling, Sie müssen einen Hirsch nachsuchen! Er kam Herrn S. und war bereits krank." Als hätte Diva verstanden, dass sie wieder gebraucht wird, blickt sie zu mir hoch, und wir stapfen gemeinsam zu Herrn S., um Einzelheiten zu erfahren. Der Hirsch war schwerfällig über eine Schneise gezogen. Vorher hatte der Mann ihn im lichten Erlenbruch angesprochen und gesehen, dass er krank war, allerdings alle vier Läufe aufsetzte. Auf der Schneise hatte er verhofft. Der Schütze war sich nach dem Schuss nicht sicher, ob er getroffen hatte. Zeichnen hatte er nicht beobachtet. „Ich habe den Anschuss mit rotem Kreppband verbrochen, sie können ihn gar nicht verfehlen. Es war übrigens nur ein schwacher Spießer", beendet er seine Ausführungen. Der letzte Satz trifft mich wie ein Keulenschlag.

Seitdem der Hirsch beschossen worden war, sind über vier Stunden vergangen, und ich mache mich mit Diva erwartungsvoll auf den Weg zum Stand 14. Beim verbrochenen Anschuss beginnt das Zeremoniell, bei dem mich meine alte Hündin bereits über viele 100 Hundert Male mit der ihr eigenen inneren Ruhe und Konzentration begleitet hat: Die Schweißhalsung mit der roten Plastikschnur, die mittlerweile meinen aufgedockten Schweißriemen aus Rindsleder abgelöst hat, angelegt, setzt sich Diva erwartungsvoll in das gelbe Gras. Wie ebenfalls viele Hundert Male exerziert, beobachtet sie, wie ich auf dem Boden herumkrieche, hier einen Grashalm abreiße, dort an einem Blatt schnuppere und es auf Schweiß untersuche. Aber so intensiv ich auch forsche, kein Schweiß, kein Schnitthaar, kein Knochensplitter, kein Kugelriss, überhaupt kein Pirschzeichen. Schließlich gehe ich zu Diva, die sich gemächlich erhebt, greife die Schweißleine, und ruhig, routiniert, als hätte sie in ihrem Leben nie etwas anderes gemacht, als Anschüsse zu finden und zu verweisen, sucht sie bedächtig vor mir auf der vermeintlichen Wundfährte in Richtung einer jungen Lärchenkultur. Nach etwa 200 Metern bricht vor uns ein Stück Rotwild fort und ist verschwunden, bevor ich die Waffe im Anschlag habe. Hastig schnalle ich die Hündin. Sie nimmt die Fährte sofort auf und folgt dem Stück lauthals.

Nach wenigen Minuten herrscht Stille. Angestrengt versuche ich die Richtung zu ermitteln, in die die Hatz geht, renne vor, gebe aber nach knapp 100 Metern atemlos auf, lehne mich erschöpft an den Stamm einer Fichte und warte. Der Wind rauscht in den Baumkronen. So konzentriert ich auch lausche, kein Hundelaut ist zu vernehmen.

Endlich gewahre ich einen Schatten in dem Gestrüpp – Diva! Mit aus dem Fang hängender Zunge sucht sie hechelnd, mit tiefer Nase auf mich zu. Als sie bis auf 20, 30 Meter herangekommen ist, blickt sie starr zu mir her, als hätte sie ein schlechtes Gewissen. Erst als ich sie ermutige, schleicht sie mit hängender Rute, den Kopf zum Boden geneigt, zögernd näher. Aus ihrem Gesichtsausdruck spricht Resignation, Verzweiflung. Das erste

Mal in 14 gemeinsamen Jagdjahren hat die Hündin bei einer Hetze kapituliert. Sie ist genauso erschöpft wie ich. Ihr Blick spricht Bände: „Bitte, bitte versteh mich, ich kann nicht mehr so wie früher, ich bin alt, mein Leben als Jagdhund geht langsam zu Ende.“ Während ich ihr ausgiebig die Behänge kraule, rede ich beruhigend auf sie ein, und wir sitzen noch lange am Fuß der alten Fichte. Mühsam erhebe ich mich schließlich, und wir stapfen zurück zum Treffpunkt. Dort trabt sie müde an der Reihe der parkenden Autos und diskutierenden Jäger entlang zu einem Anhänger, von dem zwei Rehe abgeladen werden. Ich rufe, ich pfeife, ich winke, die alte Hündin reagiert nicht, und beim Verblasen der Strecke sitzt sie teilnahmslos neben mir.

Viel später, als wir im Auto sitzen, schwirren mir die Bilder des Tages nur so im Kopf herum: die freudigen Gesichter bei der Freigabe und bei der Aufforderung, beherzt zu schießen, der Ausspruch des Gastjägers („… übrigens nur ein schwacher Spießer“) und vor allem die Resignation meines Hundes, nachdem er die Hetze auf den jungen Hirsch abgebrochen hat. Ich bin selten so nachdenklich von einer Jagd nach Hause gefahren. Als ich drei Tage später wieder zu einer Drückjagd eingeladen bin, beschäftigt mich die denkwürdige Begrüßung auf der Jagd drei Tage zuvor noch immer. Man hat mir einen Ansitzbock in einem Buchenbestand zugewiesen, einen „anstrengenden Sitz“. Rundherum habe ich 360 Grad, 100 Meter und mehr weite Sicht und freies Schussfeld. „Uhusitz“ nannten meine Brüder früher solche Stände. Drei Stunden lang muss ich alle vier Himmelsrichtungen konzentriert und möglichst gleichzeitig im Auge haben. „Das Wild kann aus sämtlichen Richtungen kommen“, hat mich der Jagdherr gewarnt. Zum Träumen also keine Zeit. Trotzdem wandern meine Gedanken zurück zu Diva, der Jagd vor drei Tagen und der so schicksalhaft beendigten Nachsuche. Als ich am Vortag meine Jagdklamotten im Auto verstaut hatte, wich sie nicht von meiner Seite, saß die ganze Nacht vor meinem Bett, und ihr Kopf ruhte auf dem Laken neben meinem Kopfkissen. Ich schlief sehr unruhig. Mein schlechtes Gewissen plagte mich. Immer wieder strich ich über den Kopf der Hündin, froh, dass ich ihre Augen im Dunkeln nicht sehen konnte. Und nun bin ich nach 14 Jahren und über 200 Drückjagden das erste Mal ohne meine Hündin auf Jagd.

Der Herbst verbreitet Schwermut. Meine Umgebung scheint wie ausgestorben. Es ist aber nicht der freudlos graue Himmel, es sind nicht die tief hängenden dunklen Wolken,

die mich bedrücken, es ist das Fehlen meines Hundes, den ich bei der Jagd bislang stets an meiner Seite wusste.

Immer wieder wandern meine Blicke zum Fuß der Leiter, wo er normalerweise sitzt und mir Wild anzeigt. Weit entfernt leises, gleichmäßiges Rauschen des Verkehrs auf der Autobahn. Haucht ein Windzug durch den Bestand, wirbeln, taumeln, schweben Unmengen von Blättern zu Boden. Ein Raunen geht durch den Wald, dann tritt wieder Ruhe ein. Nur die Autos brausen unbeirrt vorüber. Da warnt ein Eichelhäher. Sofort wandern meine Blicke in Richtung des unsichtbaren Schreihalses. Wenn Sonnenstrahlen durch die schwach erlaubten Kronen dringen, sorgen die zu Boden rieselnden blitzenden Blätter, sobald sie die Lichtbahnen durchgaukeln, für Aufregung und Verwirrung. Urplötzlich klart es auf, doch meine Stimmung bleibt düster. Diva fehlt mir. Auf sie war ich 14 Jahre lang so fixiert, weil sie mir stets jedes Stück Wild in der Nähe angezeigt hatte, sodass ich mich vollkommen auf sie verlassen habe. Ob tatsächlich kein anderes Lebe-

wesen in der Nähe ist oder ob ich es schlichtweg nicht bemerkt habe, spielt letztendlich keine Rolle, ich habe jedenfalls kein einziges Stück gesehen.
Als ich nach dem Ende des Drückens auf dem morastigen Weg zum Sammelplatz zurückschlendere, stehen im feuchten Erdboden mehrere flüchtige Fährten, die auf dem Hinweg noch nicht da waren. Eine Rotte Sauen muss vor Kurzem den Weg überfallen haben, und ich habe sie nicht bemerkt. Mit Diva wäre das nicht passiert! Ich bin plötzlich froh, dass ich nichts erlegt habe. Würde Diva bei unserem Wiedersehen frische Wildwitterung an meiner Kleidung in die Nase bekommen, wäre sie wahrscheinlich enttäuscht.
Am Sammelplatz unterhalte ich mich mit einem Hundeführer, der seiner dreifarbigen Bracke ein Ortungshalsband und eine rote Warnweste umlegt. „Ich weiß, das ist ziemlich veraltet", entschuldigt sich der Mann. „Es gibt mittlerweile Teflon-Westen, absolut reiß- und stichfest, sowie GPS-Halsungen mit Mikro und Lautsprecher, heute geht es eigentlich nicht mehr ohne diese Hilfsmittel", klärt er mich auf. Nachdenklich höre ich mir seine Ausführungen über die neuesten technischen Errungenschaften für Nachsuchenführer und ihre vierbeinigen Helfer an. In meiner fast 60-jährigen Nachsuchenpraxis haben meine Hunde weder mit Westen noch Navigationsgeräten gearbeitet, ich erinnere Situationen, in denen ich für diese Technik wahrscheinlich dankbar gewesen wäre, und ich fühle mich beim Anblick des kleinen Kastens mit der Antenne am Halsband des Hundes plötzlich ziemlich alt, so als passte ich nicht mehr in die heutige Zeit.
Als ich nach Hause komme, erhebt sich Diva müde von ihrer Sauschwarte. Ich merke ihr ihre Enttäuschung an. Ihre dunklen Augen mustern mich traurig, und ihre Rute wedelt bei unserer Begrüßung nur verhalten. „Warum hast du mich im Stich gelassen?", lese ich aus ihrem Mienenspiel. Es folgt ein stilles Zwiegespräch, während dessen mir die letzten beiden Drückjagdtage noch einmal durch den Sinn gehen.

Ich möchte mit meinem Hund weder reiner Erfüllungsgehilfe einer Forstverwaltung respektive eines Jagdpächters sein, weil diese nicht fähig sind, Abschusspläne allein zu erfüllen, noch möchte ich mich über unseriöse Freigaben und Fehlschüsse ärgern, und ich möchte auch nicht mit nicht tierschutzkonformer Munition schießen müssen.
„Wenn es am schönsten ist, sollte man aufhören", sagt eine alte Volksweisheit. Es wird Zeit, dass ich meine Gewehre an meine Kinder und Enkel vererbe. Das Leben geht weiter.

… und in fremden Gefilden

Kämpfe am Wasserloch

Jagen in Afrika – über Jahrzehnte für mich Inbegriff der Freiheit. So war ich glücklich, endlich wieder im Busch zu sein, konnte ich dort doch alle heimatlichen Zwänge abstreifen, Zwänge, wie Rechnungen bezahlen, Briefe und E-Mails beantworten, Termine einhalten, Parkplatz suchen, erreichbar sein, mit einem Wort: eingezwängt zu sein in Tausende Verpflichtungen. Und nun glaubte ich, hätte ich all die Zwänge viele Tausend Kilometer hinter mir gelassen, saß im afrikanischen Busch an einem Wasserloch, an einem Ort, wo die Freiheit lebt. Und ausgerechnet dort wurde ich aus meinen Illusionen gerissen, denn ich hatte zwei Zwänge im „inneren Handgepäck" bis hierher mitgeschleppt: den über Monate unterdrückten Rauchzwang und Regeln, die für einen waidgerechten Jäger gelten.

„May be, the old man wants to sit in the front?!" Kein sehr aufmunternder Start unserer Jagdreise nach Namibia, zu der mich mein Sohn zu meinem 75. Geburtstag eingeladen hatte. Er wollte mit seinem alten Herrn auf den Spuren wandern, die ich am Anfang meiner jagdlichen Laufbahn auf dem afrikanischen Kontinent hinterlassen hatte. Für mich wohl die letzte Reise in die erinnerungsträchtige Vergangenheit eines erfüllten Jägerlebens.

Um mich mit dem afrikanischen Busch vertraut zu machen, meine Sinne wieder an die vielen Eindrücke, die sie in der europäischen Zivilisation vermisst hatten, zu gewöhnen, Augen und Ohren Zeit zu geben, sich umzustellen, aufs Neue zu lernen, was vergessen, einst in Fleisch und Blut übergegangen und dann von dem üblichen Leben in Deutschland verdrängt, verschluckt worden war, und es wieder aufkeimen zu lassen, verbringe ich den ersten Nachmittag an einem Wasserloch.

Der Ansitz im afrikanischen Busch ist wie die Begrüßung zweier alter Freunde, die sich jahrelang nicht gesehen haben und nach einer innigen Umarmung unvergessliche, prägende, freudige und traurige Erinnerungen miteinander teilen. Afrika zieht mich mit unbändigem Tempo wieder in seinen Bann, nimmt unmittelbar Besitz von mir, umfasst mich wie eine Klammer und hält mich fest.

Hinter mir unter einem Kameldornbaum sitzt Bonnie, mein schwarzer Begleiter, im kühlen Schatten. Als er sich eine Zigarette anzündet, wende ich mich um und sehe, dass der Rauch vom Wasser in unsere Richtung weht.

Freund Schünemann, Eigentümer der großen Rinderfarm, hat uns gerade verlassen, das Motorengeräusch des Geländewagens ist in der Ferne kaum verklungen, da trollt eine Bache mit vier Frischlingen zum Wasser, schöpft und verschwindet wieder. Zwei junge Keiler erscheinen, suhlen ausgiebig, und als sie fort sind, kommt erneut eine Bache mit Frischlingen. Anschließend erscheint eine Rotte Überläufer, ein ständiges Kommen und Gehen.

Die seit über einem Jahr andauernde Trockenheit zwingt das Wild zu allen Tageszeiten auf die Läufe. Nicht nur der Tages-, sogar der Jahresrhythmus der Tiere ist durch die Dürre durcheinandergeraten, Brunft und Rauschzeit haben sich verlagert.

Rechts von uns haben Siedelweber ein riesiges Nest in eine Akazie gebaut. Zwei Rosenpapageien teilen sich die Behausung mit den Gesellschaftsvögeln (wie die Siedelweber in Namibia genannt werden) und beobachten uns von der obersten Spitze des stacheligen Baumes. Mit ihren roten Köpfen und dem grünen Rumpf eine farbenfrohe Gruppe bildend, sitzen die hübschen Vögel einträchtig nebeneinander. Wie treffend hat man doch

in der englischen Sprache für diese Vögel den vielsagenden Begriff „Lovebirds“ gewählt! In einer Reihe, sie scheint nicht enden zu wollen, trippeln Perlhühner herbei. 18, 20, 24 bevölkern schließlich die Szenerie. Nachdem sie genügend gestritten und getrunken haben, marschieren sie davon, und nun sorgen sechs Frankoline für Abwechslung.
Da nähert sich aus dem verdorrten Busch wieder ein Wildkörper – seine Farbe und Silhouette heben sich kaum vom Beigebraun des Hintergrundes ab. Nur Bewegungen sind auszumachen, entpuppen sich schließlich als starker Keiler. Während seine Artgenossen in flottem Trab zügig zur Wasserstelle gekommen sind, dabei die Pürzel wie Radioantennen nach oben gestreckt, zieht er langsam, immer wieder verhoffend näher, und sein Pürzel hängt schlaff herunter. Als er am Rand des sumpfigen Lochs steht, sichert er lange, bevor er sich niederkniet und seinen Wurf in den Schlamm senkt. Während er schöpft, spiegelt sich seine Silhouette in der milchig-modrigen Brühe gegen den wolkenlosen blauen Himmel wider. Das von der trüben Wasserfläche reflektierte Gewaff leuchtet hell, fast weiß. Nur kurz, vielleicht eine halbe Minute, für mich eine gefühlte Ewigkeit, dann wirft sich der Alte herum und flüchtet. Während er davontrollt, ragen seine Haderer rechts und links des Wildkörpers hervor, ich kann die gewaltigen Waffen sogar spitz von hinten deutlich erkennen. Keiler dieser Stärke habe ich nur sehr wenige gesehen, geschweige denn geschossen.
Als ich dem Farmer davon berichte, redet er auf mich ein, ich möge wieder zu der Tränke gehen und ein paar Schweine schießen. Die Farmangestellten benötigten dringend frisches Fleisch und ihnen wäre es gleich, wo es erlegt wird. „In Deutschland wartet ihr schließlich auch auf einem Hochsitz auf Wild, schießt an der Kirrung oder an einem Wildacker“, versucht er meine Bedenken zu zerstreuen, und in mir entbrennt ein Kampf: An einer Tränke schießen? Meinen Prinzipien untreu werden? Grundsätzliche moralische Regeln und waidgerechtes Handeln einfach über Bord werfen?
„Wenn nicht, muss eben jemand anderes zu dem Wasserloch gehen und dafür sorgen, dass Fleisch auf den Tisch kommt“, drängt der Freund. Damit ist der innere Kampf vorerst entschieden, tobt aber aufs Neue, als ich mit Bonnie wieder unter dem Kameldorn harre.
Wir brauchen nicht lange zu warten, da erscheint ein respektabler Keiler. Als er fortgezogen ist, erscheinen drei Überläufer, als hätten sie nur darauf gewartet, dass der Herr der Herren das Feld räumt. Wenig später sichern zwischen den 50 Gänge entfernten hohen Termitenhügeln drei Oryxkühe zu uns herüber und ziehen gemächlich auf die Sauen zu, die unbeeindruckt ein Schlammbad genießen. Plötzlich senkt eine der Antilopen den Kopf, macht mit gesenkten Hörnern drei, vier, fünf entschlossene Gänge auf die Sauerei

zu, dass die quietschend aufspringt, das Moorbad verlässt und 20 Meter weiter erneut zu suhlen beginnt. Zufriedenes Grunzen ist bis zu unserem Versteck zu hören.

Kaum ist wieder Ruhe eingetreten, trollt eine starke Sau an uns vorbei. Es hätte gar nicht des „Shoot! Shoot!“ von Bonnie bedurft, mir ist sofort klar, dass da ein Keiler der Sonderklasse zum Leben spendenden Nass strebt. Als er verhofft, ist der Schuss auf 60 Gänge wahrhaftig keine Heldentat.

Doch dann machen sich in mir Skrupel über meine Gier breit. Ich ärgere mich, dass ich mich, geblendet von vier weiß leuchtenden langen Zähnen, die durch den einfachen Schuss doch nicht zur wirklichen Trophäe geworden sind, zu dem Schuss habe hinreißen lassen. Immer wieder betrachte ich nachdenklich den im grauen Staub liegenden Wildkörper, bis vier Bachen meine dunklen Gedanken unterbrechen.

Während ich noch versuche, die muntere, verspielte Schar der Frischlinge zu zählen, gerade bei elf angelangt bin, steht neben der Rotte wieder ein kapitaler Keiler. Sein rechtes Gewehr ragt noch länger aus dem Gebrech als das des vor einer halben Stunde Geschossenen. Als er sich zu mir wendet, sehe ich, dass der linke große Zahn abgebrochen ist, nur ein kurzer Stumpf ragt aus dem Kiefer heraus. Bonnie drängt erneut: „Shoot! Shoot!“, und wenig später sinkt der Starke tödlich getroffen am Rand der Wasserstelle in den Schlamm. Während der Knall der 8 × 57 in den unendlichen Weiten des Veldes verhallt, flüchten mindestens 15 Schweine in einer aufwirbelnden Staubwolke davon.

Vorsichtig und leise flüsternd verändern mein Begleiter und ich unsere Sitzpositionen. Das lange bewegungslose Sitzen auf dem steinharten Boden hat unsere Muskeln steif werden lassen. Da springt Bonnie erneut auf und kneift mir über dem Kragen in den Hals. Ehe ich die Ursache dieses Angriffs auf mich begreife, zeigt er mir ein doppelt daumennagelgroßes Insekt, das er zwischen Daumen und Zeigefinger zerdrückt.

Dann harren wir weiter aus.

Zwei kapitale Keiler in zwei Stunden. Während ich immer wieder grübele, abwäge, zweifele, nachdenklich mit dem Glas zu den beiden hinstarre, sich in mir sogar Freude über die leichte Beute breitmacht und die anfänglichen Skrupel verdrängt, erscheint erneut ein Keiler. Waren die beiden Erlegten kapital, erscheint dieser hochkapital, so stark, dass ich kein Fernglas benötige, um ihn als solchen anzusprechen. Selbst die im Vergleich zu den gewaltigen Haderern schwächeren Gewehre ragen weit aus dem Wurf heraus. Im wahrsten Sinne ein „Bananenkeiler“, wie mein afrikanischer Freund solche Uriane zu bezeichnen pflegt.

Nach menschlicher Denkweise erscheint der Koloss selbstbewusst. Er macht fünf Gänge, verhofft, dann drei weitere flinke Schritte, erneutes intensives Sichern, doch der Drang

zum Wasser ist stark. Durst schmerzt auch die Schweine. Der Basse strebt weiter vorwärts, stockt mit tiefem Wurf, stürmt urplötzlich in einer Staubwolke auf den zuletzt erlegten Artgenossen zu und schleudert ihn in die Höhe. Der tote Wildkörper fliegt fast zwei Meter hoch, fällt zu Boden und wird abermals in die Luft geworfen. Ein Anblick, der urwüchsige Kraft ausstrahlt, wie ein Kampf zweier ungleicher Gegner, so gewaltig, dass mir der Atem stockt. Ich bin so fasziniert, beobachte das 30 Meter entfernte Schauspiel wie gelähmt, dass ich, ohne es zu realisieren, den Atem angehalten habe. Ich werde erst wieder in die Wirklichkeit zurückkatapultiert, als Bonnie wütend aufschreit, um den Rasenden zu vertreiben. Den aber scheinen die lauten Rufe nur noch mehr anzufeuern. Er schiebt den Kadaver in einer Staubwolke über den Sand, ich erkenne im Glas eine breite blutige Schleifspur, und stößt ihn vehement an den Rand des Wassers, dass die braune Brühe hoch aufspritzt.

Über 60 Kilogramm schiebt er mit ungeheurer Kraft vor sich her, wirft die tote Sau noch einmal wie einen Lappen ein, zwei Meter hoch und bugsiert sie weiter vor sich her in den modrigen Sumpf. Er lässt erst von seinem Opfer ab und zieht zögernd von dannen, als Bonnie wild gestikulierend zum Ort des Geschehens rast.

Schnaufend kommt mein Begleiter zurück, plappert mehr zu sich selbst als zu mir „good meat, very good meat", will sich wieder hinter mich setzen, besinnt sich, stapft zum Keiler zurück, zerrt ihn in den Schatten, schlurft zum anderen Bassen und zieht auch ihn unter den Busch.

Die Sonne war in den mehr als drei Stunden auf ihrer Bahn von Norden nach Westen weitergewandert, aber die Schatten auf der Erde haben sich kaum verändert. Ein Windhauch bewegt die Blätter. Das Surren dicker dunkler Brummer und das allgegenwärtige vertraute Rufen der Kaptäubchen sind die einzigen Geräusche in der sonst grenzenlosen Stille. Da schreckt mich das warnende Gezeter einiger Perlhühner aus meinen tiefsinnigen Gedanken.

Und dann ertönt hinter uns in die wohltuende Ruhe hinein ein furchterregendes krächzendes Schnarchen, eine raue Tonfolge, wie ich sie nie zuvor gehört habe. Bonnie ergreift unsanft meine Schulter, während die undefinierbaren Laute aus stakkatoartigem Rasseln und Grunzen lauter werden.

Ich will mich behutsam umdrehen, den Urheber der unheimlichen Geräusche ausfindig machen, da steht der kapitale Keiler erneut neben den beiden toten Sauen. Starr äugt er zu den verendeten Artgenossen, sein Pürzel schwingt aufgeregt hin und her, er stürmt mit gesenktem Gebrech auf die beiden los, bearbeitet sie mit seinem Gewaff, schlägt auf sie ein und stößt sie Meter um Meter vor sich her. In kaum einer Minute hat er mit seinen starken, messerscharfen Waffen tiefe Löcher, doppelt bis dreimal so groß wie die Ausschüsse der beiden Teilmantelgeschosse, in die Schwarten seiner vermeintlichen Gegner gerissen.

Bonnie hinter mir ist ebenso aufgeregt wie ich, ergreift wieder meine Schulter und raunt: „Shoot, Mister, you must shoot!"

Trotz der Raserei hat der Basse vernommen oder bemerkt, wie ich in Anschlag gehe. Mit einem kurzen „Wuff! Wuff!" wirft er sich herum, ist augenblicklich in dem dichten

Dornbusch verschwunden, erscheint in einer Lücke und bricht nach meinem Schuss direkt zusammen.

Bonnie strahlt über beide Ohren und zündet sich die dritte oder vierte Zigarette an. Der würzige Tabakqualm zieht von uns fort, trotzdem versuche ich ihn gierig einzuatmen, verspüre einen unbändigen Drang, wieder selbst zu rauchen. Nach wochenlangem Kampf habe ich das Rauchen vor einem halben Jahr aufgegeben. Es hat lange gedauert, drei, vier Monate, bis ich den Kampf gegen den inneren Schweinehund schlussendlich gewonnen hatte. Nun, nach diesen aufregenden, aufwühlenden Momenten regt sich die Sucht nach einem Nikotinkick, wird immer stärker, fast unerträglich. Als sich mein schwarzer Begleiter erneut einen Glimmstängel zwischen die Lippen steckt, ist auch dieser innere Kampf verloren. Ich werde das zweite Mal an diesem Tag meinen Prinzipien untreu, kann mich nicht mehr beherrschen und bitte Bonnie um eine Zigarette.

Zweimal war ich schwach geworden, zweimal hatte ich mit mir selbst auferlegten Vorsätzen gebrochen: das Rauchen aufgeben und niemals an einem Wasserloch schießen. Für den ersten Bruch hatte ich eine Ausrede: Der Geist ist willig, aber das Fleisch ist schwach, für den zweiten lediglich die Gewissensberuhigung: In Afrika gilt deutsches Brauchtum nur bedingt, vor allem nicht, wo ein knurrender Magen sein Recht fordert.

Estland, Elche und Enttäuschungen

Der große baltische Maler Alexander v. Fersen schrieb vor dem Ersten Weltkrieg: „Elche werden in zwei Menschengenerationen in Estland nur noch im Museum zu sehen sein.“ Nach dem Ersten Weltkrieg gab es in Estland in der Tat nur noch einen Restbestand von wenig mehr als 50 Elchen. Doch die düsteren Prognosen des bekannten Jagdmalers sind nicht eingetroffen. Obwohl strenge, eisige Winter, dazu Bären und Wölfe, den Wildbeständen zusetzen, Forst- und Landwirtschaft zunehmend intensiviert werden, Jagdgesellschaften aus Deutschland und Finnland ins Baltikum reisen, leben dort schätzungsweise 30.000 Elche, etwa 10.000 davon in Estland. Nachdem ich dort bisher nur weibliches Elchwild und geringe Hirsche geschossen hatte, rief mich Freund Matti an. „Du musst unbedingt wiederkommen, wir haben mehrere gute Schaufler gesehen!“ Eine Woche später konnte ich aus dem Büro flüchten.

Menschenleere Einsamkeit und bäuerlicher Niederwald, so weit die Sinne reichen. „Mehr geben die armen Standorte nicht her", registriere ich auf der Fahrt von der estnischen Hauptstadt Tallinn (Reval) nach Tartu, der ältesten Stadt des Baltikums (Dorpat). Erstaunlich, dass hier Rehböcke mit bis zu 400 Gramm schweren Gehörnen keine Seltenheit sind.

„Lieber zwei, drei Stunden früher sitzen", rät der Jagdfreund gleich nach der Begrüßung, „in die weiten Wälder verirrt sich nur selten ein Zweibeiner, das Wild verübelt nachhaltig, wenn frische Menschenspuren durch das Moor führen."

Wie anders verhielt es sich auf meinen Jagden in Skandinavien. Ich denke an eine Jagd in Schweden, auf der ich am Rand eines kümmerlichen Kiefernbestandes vor einer riesigen Moorfläche stand. Mit meinem Nachbarschützen, ein erfahrener und erfolgreicher Jäger, hatte ich per Handzeichen Verbindung aufgenommen, saß mucksmäuschenstill auf dem Stamm eines umgefallenen Baumveteranen und wartete gespannt auf den Laut eines Elchhundes.

Mich fröstelte. Kalter Wind wehte mir ins Gesicht. Es nieselte, und auf meinen alten Lodenmantel legte sich ein silbern schimmernder feuchter Schleier.

Nach einer halben Stunde beobachtete ich durch das Fernglas, wie mein Nachbar eine Axt aus dem Rucksack kramte und 20 Schritte von seinem Stand entfernt mit erstaunlicher Geschwindigkeit eine trockene Birke fällte. Weithin hallten die Axtschläge über das Moor. Unbekümmert zerkleinerte er das Holz, schleppte es zu seinem Stand und entfachte ein Feuer. Dann verschwand er mit einem Wasserkessel, und bald darauf hing der Kessel über den lodernden Flammen. Der Jäger saß neben dem Feuer auf seinem Jagdstock und wärmte seine Hände.

Ich hatte den Eindruck, er fühlte sich pudelwohl, wohingegen ich „kochte". Dass bei der Unruhe und dem Feuer in den nächsten Stunden Wild kommen würde, war für mich völlig abwegig.

Kaum eine halbe Stunde war vergangen, da entdeckte ich weit draußen im Moor ein Elchtier mit Kalb. Beide zogen in meine Richtung, drehten dann ab und trollten auf das Feuer und seinen frei danebensitzenden Bewahrer zu. Der bemerkte das Wild erst, als es nur noch 100 Schritte entfernt war, stand auf, ging zum nächsten Baum, an dem seine Büchse lehnte, und schoss auf rund 50 Meter eine Dublette.

Er arbeitete als Waldarbeiter und erzählte, dass Elche beim Anblick von Pilz- oder Beerensammlern sensibel reagieren, vor Holzfällern, die Feuer machen, aber oft keinerlei Scheu zeigen. „Andere Länder, andere Sitten", überlegte ich, „das gilt nicht nur für Jäger, sondern wohl auch für Elche!"

Über eine halbe Stunde stolpere ich nun also bei strömendem Regen durch die Birken-Erlen-Wildnis bis zu meinem Sitz. Elchfährten kreuzen den moorigen, zerfahrenen Weg, und die mächtigen Trittsiegel beflügeln meinen Marsch. Ein idealer Lebensraum für Elche. Aber auch Biber fühlen sich in dieser von Menschenhand kaum berührten Wildnis wohl. Sie haben das Landschaftsbild völlig verändert, Bäume gefällt, Gräben angestaut und große Flächen unter Wasser gesetzt.

Nach knapp zwei Kilometern komme ich zu meinem Sitz. Dunkel erinnere ich mich, dass ich schon mehrmals hier gesessen und einmal auch einen jungen Elch erlegt habe. Meine Gedanken schweifen in die Vergangenheit. Jagen lebt schließlich auch vom Träumen, Rückbesinnen und von Erinnerungen.

Es ist 14.00 Uhr. Obwohl in vier Tagen Vollmond sein wird, wird das Büchsenlicht gegen 16.00 Uhr vorüber sein, sollte der Wind die tief hängenden regenschweren Wolken nicht vertreiben. Mit dem hell leuchtenden goldgelben Gras als Hintergrund werde ich wohl etwas länger schießen können, aber der Gedanke behagt mir nicht.

Nur weil es für meinen Jagdfreund Matti eine Selbstverständlichkeit ist, jede Jagdmöglichkeit zu nutzen, egal, ob es schneit oder stürmt, bin ich schließlich, um den Freund nicht zu enttäuschen, bei diesem Sauwetter rausgegangen. Wind rauscht in den Bäumen, bewegt das rötliche Gezweig der schlanken Birken und Erlen sachte hin und her, auf und ab. Die wenigen Fichten, die sich in diesem sumpfigen Terrain ausgesamt haben und ein ebenso spartanisches Dasein führen, wirken wie regungslose Wächter in urtümlicher Landschaft.

Außer dem Raunen und Rauschen ist kaum etwas zu vernehmen. Die jägerfeindliche Geräuschkulisse des Regens verwandelt alles in eine eintönige Lautlosigkeit. Es hat seit einer Woche geregnet, gestern nur kurz etwas aufgeklart, und der Boden ist durchweicht. Wild kann sich fast lautlos fortbewegen.

Es ist kühl. Hoffnungsfroh fröstele ich vor mich hin. Dann treibt der Sturm einen Schauer vor sich her, dass es laut auf das Dach des Hochsitzes prasselt. Nach drei Minuten ist der Spuk vorüber. Der Wind lässt nach. Das leiser werdende Rauschen des Regens klingt plötzlich wie eine lebhafte, harmonische Melodie. Es wird heller. Nachdenkliches Grübeln schlägt um in positive frohe Erwartung, denn bisher hielt sich meine Begeisterung, bei diesen Wetteraussichten auf einem pitschnassen, kalten, zugigen Hochstand auf Elche zu passen, in Grenzen.

Hoffnungsvoll wandern meine Blicke über das kleine Rapsfeld, an den von Schilf und hellem Gras gesäumten Wald- und Grabenrändern entlang. Die eisigen Windböen können meine freudige Zuversicht nicht trüben, im Gegenteil. „Wenn es plötzlich kalt wird und das Wild notgedrungen mehr Energie verbraucht, tritt es früher auf die Äsungsflächen aus“, überlege ich, und solange keine Minusgrade herrschen, speichert der Raps seine Bitterstoffe und ist für das Wild wenig attraktiv.

Weit weg kläfft ein Hund.

Ja, und dann kommt alles so, wie ich es mir vier Stunden lang ausgemalt habe, nur eben 30 Minuten zu spät. Links von mir steht ein riesiges dunkles, fast schwarzes „Etwas“, ein Elch. Der lange erhoffte Anblick ist so unerwartet, dass ich vor Schreck zusammenzucke. Tier oder Hirsch? Jung oder alt? Stark oder schwach? Angestrengtes Spekulieren durch das Fernglas bringt keine Gewissheit. „Ist es ein Tier, müsste das Kalb folgen, junge Hirsche stehen jetzt oft im Verband“, schwirren mir allerlei Überlegungen durch den Sinn. Ich suche bereits krampfhaft nach einer Entschuldigung, um einen Schuss zu rechtfertigen, denn der Wildkörper hebt sich im Zielfernrohr so ab, dass ein sicherer Schuss gelingen würde, nur zum Ansprechen reicht das diffuse Licht nicht.

Schließlich ist es stockduster. Ich warte eine weitere halbe Stunde, um nicht zu stören, und mache mich auf den Heimweg.

„Das wird ein Schaufler gewesen sein, die ganz alten haben schon abgeworfen“, erzählt Matti später, und in der Gewissheit, so einen Hirsch vor mir gehabt zu haben, schlafe ich, in der Hoffnung auf ein nochmaliges Treffen mit dem Alten, ein.

Am nächsten Morgen setzt mich Matti an derselben Stelle ab wie am Vorabend. Es ist stockfinster. Nachdem ich mich 30, 40 Meter auf dem schlammigen Untergrund vorangetastet habe, bleibe ich stehen, um das erste Licht abzuwarten. Eine halbe Stunde mag ich in die Dunkelheit gestarrt haben, dann beginnen sich links und rechts des Weges aus schwarzen Wänden helle Punkte zu bewegen, und allmählich schälen sich zahlreiche Birkenstämme aus dem Dunkel. Erst nur zu ahnen, dann immer klarer, kontrastreicher schimmern sie herüber, und behutsam pirsche ich zu meinem Sitz.

Eineinhalb Stunden mag ich gesessen haben, da zieht, zu weit für einen waidgerechten Schuss, ein Elchtier mit Kalb am Waldrand entlang.

Der unerbittliche Lebensrhythmus hat die beiden offenbar zu dieser fortgeschrittenen Tageszeit noch einmal auf die Läufe gezwungen. Nach mitternächtlichem Äsen, anschließendem Wiederkäuen, Ruhen und Schlafen verlangt der Pansen wieder nach seinem Recht. Ich tausche Fernglas mit Büchse und verfolge die beiden gemächlich fortziehenden Stücke durch das sechsfache Zielfernrohr. Über 200 Meter sind sie entfernt, bestätigt das Absehen, und keine Chance, ungesehen den Sitz verlassen und hinterherzupirschen. Unwillkürlich denke ich an die Reaktion eines jungen Jägers, als ich einmal von einem Rehbock erzählte, den ich in einem Kartoffelacker über 200 Meter auf allen vieren angerobbt hatte. „So blöd möcht' ich auch mal sein, durch den Dreck kriechen und auch noch meine Klamotten einsauen, wenn ich es einfacher haben kann. Ich hätte da auf die 300 Meter hingerotzt", war seine Reaktion.

Wieder wird es spannend. Wild prescht durch den morastigen Untergrund auf mich zu und beschleunigt meinen Herzschlag. Kaum habe ich die beiden Stücke als Rehe angesprochen, erkenne ich schemenhaft, dass eines vorn schont. Vorsichtig greife ich zur Büchse, aber auch durch das Zielfernrohr sind nur grobe Umrisse zu erahnen, kaum zu erkennen, wo vorn, wo hinten ist.

Die Rehe sind nervös, werfen immer wieder auf, sichern zum westlichen Waldrand und trollen schließlich in entgegengesetzter Richtung davon. Jeden Augenblick erwarte ich Wölfe oder Elche, aber nichts Auffälliges geschieht im weiten Umfeld. Tiefer Frieden scheint über dem Land zu liegen. Ruhe und Stille breiten sich wieder aus, und frustriert breche ich den Ansitz ab. Als ich Matti von dem laufkranken Stück erzähle, zuckt er nur mit den Schultern: „Freut sich Wolf!“

Am Abend ist es bitterkalt. Der Wind hat nachgelassen, ich kann es kaum erwarten, wieder hinauszugehen. Reif bedeckt den Boden, macht das Wild sichtbarer und würde das Schießen erleichtern. Und dann harre ich wieder auf dem vertrauten Sitz, lausche angespannt in die Finsternis. Der Mond verbirgt sich hinter einer dünnen Wolkendecke, aber das Licht sollte zum Ansprechen ausreichen. Traumhafte, ja fast ideale Bedingungen, nur Wild lässt sich nicht blicken. Keine den Puls beschleunigende Bewegung, kein hoffnungsschürender Schatten, kein Aufregung erzeugender Laut, sieben unendlich scheinende Stunden bedrückende Stille, grenzenlose Einsamkeit. Erwartungsvolle Spannung und Hoffnung schlagen um in abgestumpftes, lethargisches Harren in endloser Weite,

fast unheimlicher Ruhe, ungewohntem, in Deutschland nahezu unbekanntem Schweigen. Kein Reh schreckt, kein Nachtvogel regt sich, kein Fuchs bellt, kein Wolf heult. Selbst der Hund, dessen Gekläffe der Wind von einem entfernten Gehöft herübergeweht hat, ist müde geworden und verstummt. Aber auch kein Flugzeuggebrumm am Himmel und keine Motorengeräusche, von irgendeiner Straße kommend, stören die Stimmung. Einfach nur Stille, selbst bei intensivem, anstrengendem, ermüdendem Lauschen. Nach sieben mehr oder weniger ereignislosen Stunden gebe ich schließlich auf. Lange finde ich an diesem Abend keinen Schlaf, liege auf meiner Pritsche, während der Regen auf das Hüttendach prasselt und der Sturm an den Fensterläden rüttelt.

Als mich Matti am Morgen abholt, hat sich das Wetter nicht geändert. Schweigend fahren wir bis zu der Stelle, an der er mich absetzt und von der aus ich mich wieder bis zu meinem Sitz vortaste. Was sollten wir uns auch sagen? Beiden ist die Aussichtslosigkeit bewusst: Bei diesem Sauwetter wird kaum Wild auf den Läufen sein. Matti ist sich dessen gewiss sicher und ich bin es mir auch. Trotzdem kauere ich eine halbe Stunde später durchnässt auf meinem Sitz.

Kein heller Schein, kein Stern am Himmel. Eintönig rauscht der Regen vom Himmel. Eine Windböe jagt die nächste, treibt graue Wassermassen vor sich her, dass ich nur wenige Meter weit sehen kann. Das Büchsenlicht lässt lange auf sich warten.

Fünf Stunden glotze ich stumpfsinnig in das Unwetter – Jagd lebt schließlich von Hoffnung. Ludwig van Beethoven sagte schon: „Die Hoffnung nährt mich, sie nährt ja die

halbe Welt, und ich habe sie mein Lebtag zur Nachbarin gehabt; was wäre sonst aus mir geworden?“ An diesem Morgen zweifele ich sogar an den Worten des großen Komponisten.

Auf meinem Rückmarsch vom ermüdenden Ansitz, wie erwartet habe ich kein Wild gesehen, verhofft ein junger Elch vor mir auf dem Weg. Er sichert in die entgegengesetzte Richtung, überquert den breiten Weg und zieht fort. Als er verschwunden ist, laufe ich los, um ihm zu folgen. Doch als ich neben seiner beeindruckenden Fährte stehe, ist er wie vom Erdboden verschluckt, und halbwegs Erfolg versprechendes Nachpirschen ist unmöglich. Biber haben die Umgebung durch ihre Bauarbeiten unter Wasser gelegt. Enttäuscht kehre ich zum Weg zurück, wo ich nach ungefähr einem Kilometer auf das Auto stoße und Matti mich zur Hütte bringt.

„Du musst dich immer in die Lage des Wildes versetzen“, riet mir vor vielen Jahren ein alter Indianer und erfolgreicher Elchjäger. „Was würdest du tun, wenn du Elch wärest?“ Bislang habe ich diesen Rat stets befolgt und bin gut dabei gefahren. Wäre ich bei dieser Sauwitterung jetzt ein Elch, der Wind wird stärker und jede Böe bringt noch mehr Regen, würde ich nie und nimmer die windgeschützten Wälder verlassen.

Trotzdem harre ich, nicht mehr so gut gelaunt wie am Anfang meines Trips nach Estland, auf dem Sitz aus. Wir haben verabredet, dass Matti mich gegen 19.00 Uhr abholen möge, aber als ich um 20.00 Uhr erneut zur Uhr schaue, ist er immer noch nicht da. Resignierend ergebe ich mich in mein Schicksal, starre missmutig in die Düsterheit, bis mir allmählich bewusst wird, dass der Wind nachgelassen hat, es heller geworden ist, der Himmel stellenweise aufreißt und ganz plötzlich der fast volle Mond zu sehen ist. Matti hat, als er sich auf den Weg gemacht hat, um mich abzuholen, im Radio von einem plötzlichen Wintereinbruch gehört. Schnee, Eis und Frost waren angesagt. Da er mich nicht informieren konnte, ohne meinen Ansitz nachhaltig zu stören, war er kurz entschlossen wieder umgekehrt, ließ mich einfach sitzen, wie ich später erfahren sollte.

Durch die plötzliche Kälte knarrt der wacklige Sitz, sobald ich nur eine unauffällige Bewegung mache oder tief ein- oder ausatme, so derart erbarmungslos laut, dass ich dreimal die vier Sprossen hinabsteige, große Haufen feuchtes langes Gras aus dem Boden reiße und die schwankende Leiter wieder hinaufbalanciere, bis ich halbwegs geräuschlos sitzen kann. Gelegentliches verräterisches Knacken und Knarren kann ich aber nicht vermeiden. Durch das dicke Polster ist meine Bewegungsfreiheit zudem eingeschränkt. Allmählich spüre ich die Kälte. Dann beginnt es zu schneien. Nach einer Stunde lässt sich zwischen den dunklen Wolken sporadisch der Mond blicken. Es ist so hell, dass ich vier Rehe am Waldrand erkenne.

Inständig hoffe ich, der Freund möge noch nicht kommen, nachdem ich zuvor sein Erscheinen doch so sehr herbeigesehnt hatte. Frustration, Ärger, Enttäuschung sind längst verflogen. Erwartungsvoll wandern meine Blicke von einem Waldrand zum anderen, während der Schnee das Land vor mir weiß einpudert. Dann wirbeln die Flocken weniger, schließlich hört es vollends auf zu schneien. Der Mond lässt sich öfter blicken, das Licht reicht zum Ansprechen und Schießen.

Gebannt lausche ich in das diffuse Grau. Aus dem großen Moor glaube ich Geräusche vernommen zu haben, zwei-, dreimal undefinierbare Laute, dann wieder Stille. Aber ich habe mich nicht getäuscht. Nach einer Minute kommt Antwort von weit entfernt – Wölfe! Ein dritter Grauhund stimmt lauthals ein, schaurig schön klingt es, wird leiser, erinnert an das An- und Abschwellen der Meeresbrandung. Gewiss eine Viertelstunde lang lausche ich der faszinierenden Musik der Wildnis, bis das Trio verstummt. Dann schwillt es wieder an, verebbt ebenso rasch, bis nur noch geheimnisvolle Stille zu hören ist.

Auf einmal beteiligen sich zwei weitere Wölfe an dieser einmaligen Symphonie, abgehacktes Bellen und lang anhaltendes Heulen. Und noch ein Wolf schlägt kurz an. Sein Gebell geht über in melodisches Jaulen. In den Tonfolgen liegt eine wunderbare wilde Harmonie. Vier oder fünf Wolfsstimmen singen zugleich, dann herrscht abrupt Ruhe, bis wieder einer einstimmt und weitere in den Chor einfallen. Die Grauhunde sind nur wenige Hundert Meter von mir entfernt. Von dem unsichtbaren Orchester geht etwas Unheimliches, Dämonisches, die Fantasie Anregendes aus. Anderes Wild wird wohl kaum austreten. Es ist eisig geworden. Drei Tage lang habe ich die Kälte herbeigesehnt, nun tut sie weh. Nach über acht Stunden gebe ich auf.

Nach vier erfolglosen Abend- und drei ebensolchen Morgenansitzen, nach mehr als 70 Stunden geduldigen Wartens, verhofft am Abend vor meiner Abreise „heim ins Reich“ bei meinem letzten Ansitz plötzlich ein Elch, ein „Vierer“, 60 Gänge entfernt am Rand des Rapsfeldes.

Zweimal knackt mein Sitz ohrenbetäubend laut, wie ich glaube. Obwohl ich mich überaus behutsam bewege, der Hirsch hält es aus, wirft auf, sichert und äst weiter.
Es folgt ein kunstloser Schuss. Als ich nach einer Viertelstunde zu dem jungen Hirsch trete, liegt er nur 30 Meter entfernt von einer Salzlecke. Den hellen Stein habe ich von meinem Sitz aus nicht sehen können. Der Boden darunter ist mit Maiskörnern bedeckt. In einer Erle hängt eine olivgrüne Wildkamera. Die Technik hat auch die ursprüngliche Wildnis nicht verschont. Enttäuschung und ein unangenehmer Beigeschmack machen sich in mir breit.

Nicht ich hatte den jungen Hirsch überlistet, nicht mein Verdienst war es, dass er mir zur Beute wurde, es war der Verdienst von einer Handvoll Mais, einem Salzstein und einer profanen Wildkamera.

Hirschjagd ohne Ruf

Von unserem Wildmeister Mackerodt habe ich schon in meiner Jugend gelernt, einen Rothirsch mit dem Ruf zu überlisten. „Ein alter Brunfthirsch hat es nicht verdient, von einer Kanzel gemeuchelt zu werden, lerne gefälligst, mit dem Ruf umzugehen, dann kannst du ihn auf nahe Entfernung in seinem Einstand erlegen, das ist Kunst, das ist Jagd!“, wurde mir von meinem Lehrmeister eingebläut. Wie recht er doch hatte! Ich habe seinen Rat so oft wie möglich befolgt und mehr Hirsche vom Erdboden als vom Hochsitz geschossen. Während er noch die gute alte Tritonmuschel benutzte, bevorzuge ich das Geschenk eines Maori-Häuptlings, ein simples Ochsenhorn. Bevor ich allerdings durch eine harte jagdliche Schule ging, in der Praxis lernte, die unterschiedlichen Lautäußerungen des Rotwildes nachzuahmen, verschlang ich mehrere Bücher über die Lockjagd. Besonders viel über die Hirschjagd lernte ich mit dem Klassiker „Der Hirschruf" aus dem Jahre 1921 von Georg Graf zu Münster und einem weiteren Werk: „Hirschjagd mit dem Ruf". Auf meiner letzten Reise zur Hirschbrunft nach Masuren erinnerte ich mich an meinen Lehrherrn, an das Werk von Graf zu Münster und erfuhr, dass Hirschjagd auch ohne Ruf erfolgreich sein kann.

Links und rechts der Straßen begleiten uns von der Lüneburger bis in die Johannisburger Heide Maisschläge. Je weiter wir gen Osten kommen, desto kleiner werden die Felder, doch die Fruchtfolge ändert sich nicht.
Vereinzelte goldene Blätter schimmern an den Birken, von Herbstfärbung, wie sonst zu dieser Zeit und zur Hirschbrunft, aber kaum eine Spur. Verwaiste Storchennester und Schwalben, die dicht an dicht auf den Hochspannungsleitungen ihre Reise in den Süden besprechen, sind die einzigen Anzeichen, die auf den scheidenden Sommer hinweisen.
Aber je näher wir unserem Ziel kommen und weite Kiefernwälder durchqueren, desto hübscher blüht die Heide. Vereinzelte Sonnenstrahlen spielen mit dem leuchtenden Lila und dem blaustichigen Grün der Kiefernkronen und dem Rot der Stämme. In kurzen Abständen wechseln sich über den Waldboden huschende helle und dunkle Farbtöne, Dämmerschatten und grelles Licht ab.
Die Begrüßung im Jagdhaus ist herzlich, die Nacht nur kurz, die Hirsche warten!
Kurze Besprechung, schon geht es mit dem Auto hinaus in die weiten Wälder Masurens. Als ich aus dem Wagen steige, die Büchse schultere und meinen Hirschruf umhänge, mustert mein Führer das dicke grüne Gummirohr skeptisch. Es hat den Vorteil, dass es nicht klappert, und die Resonanz ist zufriedenstellend. Ich habe es zum Ausprobieren vom Hersteller bekommen, und mein bewährtes nostalgisches Ochsenhorn zu Hause gelassen. Erwartungsvoll pirschen wir in den dunklen Morgen.
Wir begegnen auf unserem ersten Reviergang lediglich drei jungen Hirschen, die friedlich vereint auf einer Wiese äsen, nicht das geringste Anzeichen dafür, dass in der weiteren Umgebung ein Tier brunftig ist. Die Sonne schafft es nicht, sich durch den dichten Dunst zu quälen, und im Hochwald ist es noch diesig, als wir gegen 9.00 Uhr unsere Morgenpirsch beenden. Keinen Schrei konnten wir vernehmen, so angestrengt wir auch lauschten. „Zu warm“, konstatiere ich, da nützt auch das neue Gummirohr nichts.
Am Nachmittag ist der Wald ebenfalls wie ausgestorben. Zwei Stunden lang quälen wir uns behutsam auf zugewucherten Wegen, auf denen sich jahrelang kein Fahrzeug mehr bewegt hat, durch eine sumpfige Erlenwildnis. Das Laufen wird zunehmend zur Strapaze. Ich bin ziemlich erschöpft und froh, als wir zu einer Wiese kommen und an deren Rand eine Kanzel besteigen. Die Fläche wird bewirtschaftet, ist vor knapp einem Monat noch einmal gemäht worden, das grüne Gras wirkt, bis auf wenige inselartige braune Schilfparzellen, frisch und saftig. Am Rand winkt vereinzelt ein goldener oder rötlich gelber Farnwedel als Zeichen des nahenden Herbstes.
Die Blicke meines Führers ruhen erneut lange misstrauisch auf meinem Gummirohr, das ich auf die Brüstung gelegt habe, um schnell reagieren zu können, sollte ein Hirsch in der

Nähe melden. Kaum sitzen wir, stößt er mich vorsichtig an, tippt mit dem Zeigefinger an sein Ohr und zeigt dann in den urwaldähnlichen Bestand aus Porst und Weiden. Ich habe nichts vernommen, höre, so sehr ich mich auch konzentriere, auch die nächsten zehn Minuten nichts.

Von unserer Warte aus können wir eine Schneise einsehen. Über dem dichten Gewirr aus grünem und grauem Röhricht schwebt plötzlich ein dunkles Geweih. Ein Hirsch zieht gemächlich, aber doch so zügig über die zugewucherte Fläche, dass er schon wieder verschwunden ist, als wir die Gläser vor den Augen haben.

Es wird kühl. Ein Hirsch ruft, ein anderer, gewiss nicht weiter als 200 Meter, antwortet, und dann meldet ein dritter Hirsch, ebenfalls mit einer guten Stimme. Vor uns spielt sich ein gewaltiges Konzert ab, und wir dürfen ihm in der ersten Reihe lauschen. Eine Viertelstunde dauert die beeindruckende stimmliche Auseinandersetzung im Schutz der Wild-

nis vor uns, vielleicht auch viel länger, das Zeitgefühl kommt uns bei dieser spannenden, aufregenden, originären Musikveranstaltung völlig abhanden.

Ein Spießer flüchtet aus dem Bestand auf die Wiese und trollt in einer Volte wieder zurück. Im Bestand ist es zwischenzeitlich so dämmerig, dass man kaum noch Wild auszumachen imstande wäre.

Da tritt Kahlwild auf die Wiese aus, und dann wieder dieses hundertmal, tausendmal durchlebte Gefühl der Spannung, der freudigen Erwartung. Als die Tiere nur noch schemenhaft gegen die hellen Nebel zu erkennen sind, zieht ein starker Stangenelch vor der Kulisse vorüber, ein atemberaubender Anblick, aber ein Rothirsch tritt nicht zum Rudel. Fledermäuse umkreisen die Kanzel. Ich freue mich an den wegen angeblicher Krankheitsübertragung in Verruf geratenen Flattertieren und genieße den Anblick, bis wir schließlich unseren Sitz verlassen und, begleitet von dem jämmerlich klingenden quietschenden Gejammer konkurrierender Waldkäuze, bei zunehmender Dunkelheit den Heimweg antreten.

Am nächsten Morgen pirschen wir erneut zu der Kanzel. Es ist warm geworden, so warm, dass sogar die Mücken wieder aktiv werden. Totenstille um uns herum. „Die Hitze verschlägt den Hirschen die Sprache“, hieß es früher bei mir zu Hause, wenn die Brunft wegen hoher Temperaturen in der Stille stattfand und die Hirsche verschwiegen.

Als es dämmert, starren wir gegen eine milchig-weiße, undurchsichtige Wand, hinter der die auf der Wiese eingesprengten Baumgruppen verschwimmen und schließlich verschwinden. Dichte Nebelschwaden heben und senken, lichten und verdichten sich.

Dunkle Schemen entpuppen sich als kleine Buschinseln, Gebilde, die Wild vorgaukeln, werden zu Binsen oder Stellen, an denen Schwarzwild gebrochen hat.

Die Natur ist wie ausgestorben, wären da nicht die unzähligen Hirschläuse, die an mir herumkrabbeln und mit erstaunlicher Zielstrebigkeit geschickt durch die Kleidung auf die nackte Haut finden. Es scheinen die einzigen Lebewesen um uns herum zu sein.

Als der Nebel noch dichter wird, beschließen wir diesen stimmungsvollen, aber ansichtsarmen ruhigen Morgenansitz – an einem solchen Morgen kann man den Erfolg auch mit dem Ruf nicht beeinflussen – und schlendern an endlos erscheinenden Gattern entlang zurück zum Auto. Selbst die Hauptbaumart in Masuren, die trockene, wahrscheinlich wenig schmackhafte Kiefer, kommt wegen der überhegten Wildbestände ohne Zaun nicht hoch. Fichten, die sich unter den Kiefern ausgesamt haben, sind verbissen, verfegt oder zerschlagen, hell leuchten die Wunden, die das Wild ihnen zugefügt hat, rötliche Rindenfasern hängen zerfleddert an den kleinen Stämmen herunter.

Unser Weg durch das Kiefernaltholz wird von dicht stehenden Traubenkirschen gesäumt. Auch Masuren wurde nicht von diesen Einwanderern aus Amerika verschont. Massenweise Parasolpilze säumen den Weg, auf dem wir weiterschlendern.

Plötzlich riecht es stark nach würzigem Kiefernholz. Tief atme ich ein, und nach einer Biegung des Weges liegt ein riesiger Polter frisch geschlagener Baumstämme am Rand.

Und dann flüchtet, wahrscheinlich durch Pilzsucher hochgemacht, Rotwild über eine Querschneise. Ein wildes Durcheinander von Tieren, Kälbern, jungen Hirschen, mindestens 15 Stück, und am Ende der Kavalkade folgt ein alter Hirsch mit langen Stangen und imponierender dunkler Brunftmähne. Im Nu verschwindet der Spuk wieder zwischen den Kiefernstämmen.

Plötzlich der lang gezogene Ruf eines suchenden Hirsches. Gespannt bleiben wir stehen, horchen. Als ich nach einem kurzen Blick zu meinem Führer den Hirsch mit dem Ruf reizen will, drängt der weiter.

Am Abend schleichen wir wieder über zwei Stunden lang durch beeindruckende Kiefernwaldungen. Im Vergleich zu unserem Marsch am Vorabend ist es ein erholsamer Spaziergang. Ich muss nicht ständig zu Boden schauen, um nicht auf einen Zweig zu treten, kann mich ganz meiner Umgebung widmen, nach Wild spähen.

Es ist noch wärmer als am Vortag, 22 Grad zeigt das Thermometer. Der Wald erscheint wie ausgestorben. Ohrenbetäubende Stille. Während wir alle fünf Minuten verhalten, dringt kein Laut zu uns. Die vielen Fährten im Sand sind beeindruckend, aber der Wald bleibt stumm.

Als ich im Westen die Kanzel erblicke, auf der wir am Vorabend gesessen haben, legt mein Führer seine Handfläche hinter das Ohr und nickt mit dem Kopf. Er hat etwas vernommen, und augenblicklich hocken wir auf dem Erdboden. Dann höre auch ich mürrisches Knören. Kurz darauf ein langer wütender Ruf, Wild prasselt davon, und es

erschallt ein triumphierender Sprengruf – seit unzähligen Rotwildgenerationen, seit 100, seit 1.000 Jahren dieselbe Botschaft, jeweils nur eine andere Stimme. Ich greife zum Gummirohr, bedeute meinem Führer, dass ich den Hirsch reizen, zum Zustehen bewegen will. Er nickt. Ich stehe auf, aber da hält mich der Mann fest, drückt mich wieder auf den Boden.

Ich denke an vergangene Zeiten, als ich in diesem Riesenrevier noch allein jagen, ohne Führer einen Hirsch angehen durfte. Der Mann versteht nicht, glotzt argwöhnisch auf das Rohr, zuckt mit den Schultern und legt dann einen Zeigefinger auf seine Lippen.

Ich kenne den Einstand nicht, aber vom Bewuchs her herrschen ideale Bedingungen, um ihn, der immer wieder schreit, mit dem Ruf anzugehen. Wie gerne wäre ich in sein Revier eingedrungen. Stattdessen pirschen wir weiter Richtung Kanzel. Der Hirsch verschweigt, wieder breitet sich diese atemlose Stille um uns herum aus. Kein Vogel singt, kein Rauschen des Windes in den Bäumen, kein Ast knackt, keine Mücke summt, keine Fliege brummt, Grabesstille, bis es vor uns leise bricht. Flink verbergen wir uns 30 Meter vor der Kanzel hinter einigen starken Erlen. Da bricht es wieder, beängstigend nah. Über dem dichten Weidengestrüpp erscheint ein dunkles Geweih, und dann steht ein älterer Zwölfer vor uns.

Nach meinem Schuss wirft er sich herum und prescht, verwirrt durch das Echo des Knalls, das von einer Waldkulisse zur anderen hallt, in stolpernden Fluchten auf uns zu. Erregt flüstert mein Führer: „Noch mehr schießen“ und wiederholt lauter und aufgeregter: „Noch mehr schießen, noch mehr schießen!“ Ich habe längst repetiert, da wird der Kranke langsamer, strauchelt und bricht zusammen.

Ein Zwölfer.

Deutschland war für mich in diesem Moment so unendlich fern. Das dort geforderte Zielalter von zwölf Jahren für einen solchen Abschuss hatte der Hirsch nicht erreicht, aber das minderte meine Freude nicht, und mein Führer verschwendete nicht einen Gedanken daran. Wir beide waren einfach nur glücklich, als er mir strahlend einen riesigen Erlenbruch überreichte, weit entfernt von Bürokratismus, Jagdneid und Regulationswut. Ich empfand tiefe Dankbarkeit, die alle anderen Dinge im Augenblick unscheinbar klein, nebensächlich, bedeutungslos erscheinen ließen.

Jagen in Down Under

Alles klang recht vielversprechend: „Du suchst für deine Kunden Gebiete, in denen sie Wasserbüffel schießen können? Komm rüber, wir haben Hunderte, Tausende! Der Schwager einer Freundin arbeitet in einem Aborigines-Reservat, ist mit einer Aborigine-Frau verheiratet, der einzige Weiße in der Gegend, er freut sich, wenn du kommst.“ Das hörte sich verlockend an: weitab jeglicher Kultur und Zivilisation Wasserbüffel zu jagen. So die kurze Vorgeschichte zu einer längeren „Dienstreise“, um neue Jagdgebiete zu erkunden, diesmal in Australien bei den Aborigines, „die, die von Anfang an dabei waren“, wie der Name ins Deutsche übersetzt lautet.

Auf dieser Reise habe ich gelernt: Der Mythos, der die Ureinwohner des fünften Kontinents umgibt, ist genau das, ein Mythos.

Australier behaupten, 90 Prozent der Bevölkerung ihrer Heimat leben in den Städten, das heißt, 9/10 des Landes bleiben für die Natur. Fährt man stundenlang durch die menschenleere Einöde des fünften Kontinents, gewinnt man tatsächlich den Eindruck, es entspräche der Wahrheit. Der Mensch ist buchstäblich eine Randerscheinung im Land der Kängurus und Bumerangs auf der anderen Seite des Globus. Der letzte von Europäern in Besitz genommene Erdteil ist überwiegend an seinen Rändern besiedelt. Im Inneren herrschen Wildnis, Weite, Stille und gleißendes Licht.

Und noch etwas: In Australien scheint alles größer zu sein als in Europa. Auf einer Fläche von 7.700.000 Quadratkilometern leben nur ca. 25 Millionen Menschen. Auf der Landkarte wirkt die Entfernung von Sydney nach Darwin zwar gering, aber es sind über 3.000 Kilometer Luftlinie, und einmal quer, von Brisbane nach Perth, muss man mit dem Flieger rund 3.600 Kilometer bewältigen.

Die nordaustralische Hafenstadt Darwin ist die Hauptstadt der Northern Territory. Wir verlassen sie Richtung Katherine und fahren durch aromatisch duftende Paperbark- und Eukalyptuswälder. Schlagartig lässt der Verkehr nach, nur selten begegnet uns ein riesi-

ger Lastzug, oder ein kleiner Lieferwagen kommt uns entgegen. Wegen der gewaltigen Entfernungen haben wir zwei überdimensionale Ersatztanks mit Benzin auf dem Dach unseres Geländewagens deponiert, Tankstellen sind selten.

Obwohl sich das überwiegend flache Land des wüstenhaften Outbacks gut zum Eisenbahnbau eignet, sind große Teile des Nordwestens nicht durch Schienenstränge erschlossen. Menschenleere, endlose Weite, öde Wildnis weit und breit. In erschreckender Regelmäßigkeit liegt ein überfahrenes Känguru, ein wildes Schwein, ein Hund auf oder neben der Piste.

Kilometer um Kilometer rollt der Wagen Richtung Süden. Um 11.00 Uhr zeigt das Autothermometer bereits 33 Grad. Wir, Freund Carlos und ich, rasten im Schatten eines Tamarindenbaums, essen, lutschen die sauren Samen des Baumes, und ich lerne, dass grüne Ameisen sauer wie Limonen schmecken.

Ein Laster braust vorüber – ungeheure Ausmaße, fast 40 Meter ist er lang. Dunkle, ibisartige Vögel am Straßenrand beobachten die wenigen vorbeirauschenden Autos, und Gabelweihen kreisen am Himmel in Erwartung leichter Beute in Form von überfahrenem Wild.

Weiter geht die Reise. Überdimensionale Termitenhügel, rote Erde, wohin man auch schaut (deswegen der Beiname „Roter Kontinent“), Hitze, verdorrtes Gras zwischen kümmerlichem Wuchs, auf dem genügsames Vieh in der prallen Sonne steht, prägen die Fahrt durch die Einsamkeit der Tropen. Nur wenige bunte Blüten bieten dem Auge erfreuliche Abwechslung – für uns Europäer gewöhnungsbedürftig!

Links und rechts der Straße stehen vereinzelt Mangoplantagen, vor allem aber: Eukalyptus, Eukalyptus, Eukalyptus, es gibt hier mehrere Hundert Arten. Trotzdem wirkt die Landschaft nur auf den ersten flüchtigen Blick eintönig. Bei genauerem Hinsehen erkennt man eine Vielzahl unterschiedlicher Grüntöne.

Schnurgerade, bis zum tischebenen Horizont, erstreckt sich die Autopiste vor uns, bis endlich ein Straßenschild wie aus dem Nichts vor uns auftaucht: „Sydney 1.135 km–Alice Springs 1.115 km“. Wir fahren durch die unendliche Weite weiter nach Katherine, sind schließlich im den Aborigines gehörende East Arnhem Land und erreichen Beswick an der Central Arnhem Road, knapp 1.000 Kilometer südlich von Darwin.

Abends kommt uns auf der einsamen Landstraße eine Aborigine, die Frau meines Freundes, im Auto entgegen, um uns zu eskortieren. Sie gebietet über das Alkoholdepot des riesigen Reservats. Wer mit Alkohol angetroffen wird, muss mit empfindlichen Strafen rechnen. Trotzdem bekommt die Regierung das Problem „Schnapskonsum“, ein Problem bei fast allen Naturvölkern – ob Buschmänner, Indianer oder Eskimos –, nicht in den Griff.

Als wir dann mit einem Tag Verspätung in den Busch ziehen, bekommen wir europäischen Jäger einen gehörigen Schreck. Auf der Ladefläche des riesigen Geländewagens liegen zwei Gewehre: Eine Büchse mit Zielfernrohr entpuppt sich als Ruger im Kaliber .223, die andere gleicher Bauart ohne Zielfernrohr im Kaliber .308. „Which one do you want to use?“ (Welche willst du nehmen?), fragt mich Phil, und zögernd wähle ich die .308. .308 gegen 1.000 Kilogramm geballte Kraft und Wildheit – meine Anregung, eine Waffe in stärkerem Kaliber zu besorgen, stößt auf Unverständnis.

Die Männer verstehen meinen fragenden Blick gar nicht, als sie mir lachend die leichte Repetierbüchse in die Hand drücken – aber diese Patrone erscheint mir für einen wehrhaften Büffel wahrhaftig zu schwach. „Just behind the ear!“ (Du brauchst nur hinter das Ohr zu schießen!) – „We chase them because of the meet, just bang him into the head!“ (Wir jagen wegen des Fleisches, schieß einfach in den Kopf!), grinst Phil. Auch so etwas muss man in Kauf nehmen, wenn man seine Reise nicht über einen Reisevermittler mit professionellen Berufsjägern vor Ort, die auf Wünsche zahlender Jagdgäste eingehen müssen, bucht, sondern auf eigene Faust organisiert. Ein Abenteuer mit all seinen Unwägbarkeiten ohne Fürsorge, Erfahrung und Sicherheit eines teuren Safarivermittlers mit seinem Stab.

Wasserbüffel sind schwerer als ihre afrikanischen Vettern. Es ist ein unsympathischer Gedanke, mit einem so schwachen Kaliber zu schießen. Ich habe viel wehrhaftes Großwild über offene Visierung geschossen, längst nicht alles Wild mit supermodernen Waffen erlegt, aber nun machen sich Bedenken breit. „Schließlich habe ich Elefanten auch mit Kopfschuss getötet“, versuche ich meine Zweifel beiseitezuschieben, und nach kurzer Diskussion gebe ich mich aufgrund des Arguments, mit dieser Waffe seien schon viele Hundert Büffel getötet worden, geschlagen.

Ich nehme die Büchse, das Zielfernrohr war durch einen Sturz unbrauchbar geworden, in die Hand, um sie näher zu begutachten. Als ich eine Anschlagübung mache, bemerke ich, sie besitzt weder Kimme noch Korn.

Beim Probeschießen stelle ich nach dem dritten Schuss fest, dass es unmöglich ist, mit diesem Schießprügel auf weiter als 20 Meter exakt zu treffen. „I will only schoot in range of twenty meters“ (Ich schieße höchstens auf 20 Meter), sage ich zu Phil ganz nach meiner Devise: „Je näher am Wild, desto reizvoller Jagd und Schuss“. Auf diese Entfernung könnte ich auch mit diesem Gewehr genau treffen.

Beim Schuss über die offene Visierung bin ich gezwungen, die Schussdistanz zu respektieren. Dadurch wird die Beziehung zum Beutetier tiefer, sozusagen Auge um Auge, nicht durch optische Hilfsmittel unterbrochen. Ich empfinde beim Schuss über Kimme und Korn anders als durch das Zielfernrohr. Bereits die kürzere Distanz zwischen Jäger und Wild schafft eine imaginäre Verbundenheit mit dem Tier. Mit zunehmender Ent-

fernung wird das anvisierte Wild durch technische Hilfsmittel nicht so intensiv wahrgenommen, die Beziehung zu ihm ist enger, je näher ich ihm bin.

Unser Basislager besteht aus knapp 100 Blech- und Holzhäusern, einem Laden, einer Schule, die bis zur vierten Klasse führt, und einem Krankenhaus. Unser Führer Conway, ein Aborigine, hat sein ganzes Leben in dieser Gegend verbracht.

Kaum eine halbe Stunde haben wir uns am nächsten Morgen vom Dorf entfernt, fahren in dem großen Geländewagen mit ungewöhnlich breiten Reifen vorbei an hüfthohen gelbbraunen Termitenhügeln, bewegt sich eine rote Staubwolke vor uns fort. „Do you want to kill a donkey?“ (Willst du einen Esel schießen?), fragt Conway. „Good meat!“ (Gutes Fleisch!), fügt er noch begeistert hinzu, aber Carlos und ich lehnen ab. Eines dieser wilden Grautiere zu erlegen, danach steht uns nicht der Sinn, und so stürmen die Langohren in wilder Flucht unbeschossen in die Weite.

„In einem Europa der Sattheit wird vielfach übersehen, dass etwa 80 Prozent der Weltbevölkerung abhängig von Wildtieren ist“, überlege ich, deswegen wundert mich der Protest unserer Begleiter nicht.

Drei, vier Kilometer fahren wir unter zwei bis drei Meter hohen verkohlten Überresten und Strünken von Eukalyptusbäumen entlang. Die Einheimischen haben vor wenigen Wochen Feuer gelegt, nun sprießt neues Grün, frische Äsung. Ein Heer großer Raubvögel schießt über uns dahin, und drei pechschwarze Schweine flüchten davon. Menschen kommen nur selten hierher, Jagdtourismus ist in den wildreichen Gefilden noch unbekannt. Ab und zu erkennt man im roten Sand Autospuren. Sie sind, wie Phil versichert, mehrere Monate alt.

Ich muss über seinen Zeitbegriff schmunzeln. Bedenkt man, dass wir uns in einer Gegend bewegen, in der im Umkreis von 40 Kilometern kein Zaun, geschweige denn Haus zu finden ist, kann man dafür Verständnis aufbringen.

Drei Stunden lang quält sich das Auto durch staubtrockenes, unwegsames Gelände, und unsere Augen benötigen lange, um sich auf Licht und Schatten, Farben und Färbungen, Tönungen und Töne, Hell und Dunkel um- und einzustellen.

Neun Kängurus zählte ich, aber keinen Büffel, als wir nach einem märchenhaften Sonnenuntergang ins Dorf zurückkehren.

Der Abend am Lagerfeuer wird lang, Erfahrungen werden ausgetauscht. Ein dem Admiral ähnlicher Falter gaukelt vorüber, erinnert an Deutschland.

„Was schießt ihr in Germany?" – „Rehe und Hirsche." – „Kann man die essen?" Wie weit sind wir doch von dem kleinen, nun unbedeutenden Europa entfernt!

Voller Tatendrang geht es am nächsten Morgen noch bei Dunkelheit wieder los. Kaum ist das erste Licht am Himmel zu ahnen, ist es überraschend schnell hell. Morgen- und Abenddämmerung sind auf der anderen Seite der Welt nur kurz.

Mal leuchtet die Rinde der Eukalyptusbäume silbern oder grau, mal braun, dann golden oder bräunlich blau bis rötlich. In den Kronen warnen krächzende Kakadus. Immer wieder müssen wir Kavango-ähnlichen tiefen, steilwandigen Gräben ausweichen, und der Fahrer wird mehr gefordert als der Jäger.

Unzählige Fliegen umsummen und piesacken mich, beißen aber nicht, während ich auf dem Dach des Geländewagens sitze und nach Wild Ausschau halte.

Wie aus dem Nichts kommend, stoßen wir auf kleine Wasserlöcher und große Seen. Enten liegen darauf. Die Ufer sind gesäumt von grünen Schilfflächen, am Rand stolzieren oder lauern weiße Reiher bewegungslos auf Beute. Unwirkliche, paradiesisch anmutende Bilder in einer für den Unwissenden vermeintlich lebensfeindlichen Umgebung. Rehgroße graue Kängurus huschen davon. Dann sind es vier rote, stark wie Damwild, und zwei braune, weitaus größere, sie flüchten in großen Sprüngen fort. In freier Wildbahn sind Australiens Wappentiere scheue Geschöpfe, in Großgehegen werden sie für den menschlichen Verzehr gezüchtet. Die rund 50 Millionen in Freiheit lebenden Kängurus werden zur Erhaltung des ökologischen Gleichgewichts jährlich von speziell lizenzierten Jägern um etwa fünf Prozent reduziert.

Plötzlich ein wildes schwarzes Durcheinander. 30, 40 Büffel flüchten vor uns fort. Eine Staubfahne hinter sich herziehend, rast die Herde davon. Gespannt schaue ich den Büf-

feln nach. „Take that one!", ruft Phil. Ein Nachzügler, eine alte Kuh mit außergewöhnlich langen Hörnern, verhofft rund 30 Meter vom Wagen entfernt, äugt starr zu uns her, dreht ab, und schon fällt der Schuss. Hinter dem Lauscher getroffen, bricht sie zusammen.
Als wir vor dem gewaltigen Wild stehen, stellen Carlos und ich erleichtert fest, dass die Kuh nicht geführt hat. Unsere Begleiter verstehen unsere Erleichterung nicht.
Eine knappe Viertelstunde verweilen wir, unsere Begleiter drängen weiter.
Kakadus flattern davon, ein großer grüner, langschwänziger Papagei bringt sich in Sicherheit, und nach einer weiteren Stunde gebe ich es auf, Conway auf die Kängurus, verwilderten Esel und Rinder aufmerksam zu machen. Es gibt zu viele in diesem Gebiet. Faszinierend in dem von Menschen nahezu unberührten Landstrich ist der Reichtum nicht nur an Wild, sondern auch an Kleintieren.
Bis zur Mitte eines heißen Tages haben wir mehr als 100 Büffel, ebenso viele Esel und 50 Kängurus gesehen, haben in einem Gebiet von 3.560 Quadratkilometern über 200 Kilometer durch unwegsame Landschaften zurückgelegt, hatten zwei Reifenpannen und haben einen toten Wasserbüffel im Busch zurückgelassen.
Der Reiz der Jagd ist hier, wo es Wild im Überfluss gibt, nicht so groß wie in wildärmeren Gebieten, kein mühsames, tagelanges Suchen, man nimmt sich schnell und effektiv

von dem Reichtum, was am einfachsten zu erbeuten ist und am besten schmeckt. Die Natur produziert ohne Hege und Wahlabschüsse, ohne Abschusspläne und Richtlinien in einer lebensfeindlich erscheinenden Umgebung so viel, dass sogar sporadische Massenabschüsse unumgänglich sind, will man nicht, dass die Wildbestände ausufern und durch Seuchen dahingerafft werden.

Unvorstellbar, dass noch vor wenigen Jahren Zehntausende, ja Hunderttausende Büffel und Esel, Kamele und Kängurus von Hubschraubern aus getötet wurden, weil die Wildmassen eine ernste Gefahr für die Flora darstellten. In kurzer Zeit hat sich die Wildbahn wieder erholt, die Bestände steigen wieder rapide an, und man denkt über weitere Aktionen nach.

„Europäer nutzen ihre Umwelt viel intensiver als die Australier", überlege ich. Bei uns drängen sich 200 Menschen samt ihren modernen Bedürfnissen und Lebensgewohnheiten auf durchschnittlich einem Quadratkilometer.

Am nächsten Morgen fahren wir über ehemaliges Farmland, das den Aborigines zurückgegeben wurde (die Farm wurde Mitte der 1980er-Jahre enteignet und in ein Reservat umgewandelt), vorbei an einem imposanten Farmhaus als letztem Zeugen davon, dass hier einst, als das Gebiet von Weißen bewirtschaftet wurde, reges Leben blühte. Nun ist es verlassen, dem Verfall preisgegeben. Man erkennt noch, dass es ein stattliches Anwesen gewesen sein muss. Ausgeschlachtete Autowracks, verrostete Maschinen, zerfallene Zäune und Plastikmüll liegen herum, von wildem Grün überwuchert. Trostlosigkeit statt wirtschaftlichen Aufschwungs, die Natur holt sich gierig zurück, was der Mensch ihr zu entreißen versucht hat.

Ich habe Kaffernbüffel und die kleineren, aggressiven Waldbüffel gejagt. Wasserbüffel sind mir fremd, die Jagd im „Outback" ebenfalls, aber ich nahm an, die Jagd würde ähnlich ablaufen wie in Afrika: In den großen Gebieten mit dem Auto oder zu Fuß Büffel suchen, wenn wir auf etwas Passendes stoßen, die Herde oder den einzelnen Bullen bei gutem Wind in großem Bogen umschlagen, den Weg abschneiden und warten.

Unsere einheimischen Begleiter können dieser Art der Büffeljagd wenig abgewinnen und finden meine Methode ziemlich uneffektiv. Mein Vorschlag, auf bewährte afrikanische Art zu jagen, wird geflissentlich überhört. Für die Ureinwohner bedeuten wilde Tiere Nahrung, sonst nichts. Allein das möglichst schnelle Ergebnis, das Fleisch zählt – Beute machen vor Ethik. Aber nicht mehr Pfeil und Bogen oder Bumerang sind dabei ihre Waffen, sondern zeitgemäße Mittel: Maschinen, Gewehre, Technik. Dabei handeln die Männer äußerst pragmatisch in einer archaischen Missachtung gegenüber Tieren und Pflanzen.

500, 600 Meter rechts von uns entdecken wir Büffel auf einer Brandfläche. Vom Morast schwarz und glänzend, kamen sie sicher frisch aus der Suhle. Während ich einen Plan schmiede, wie wir uns ihnen nähern könnten, der Wind ist auf unserer Seite, steuert Phil das Auto bereits auf die Wildrinder zu. Was ich befürchtet, ja erwartet habe, trifft sofort ein: Die Herde hat uns längst wahrgenommen, und als wir 400 Meter entfernt sind, stampft sie davon, ist im Nu verschwunden. Nur beißender Gestank und eine Staubwolke, die der Wind schnell verweht, zeugen von ihrer Anwesenheit.

Zwischen doppelmannshohen Felsen hindurch, über dicke Steine hinweg rumpelt der Wagen weiter durch sandige Flussbetten.

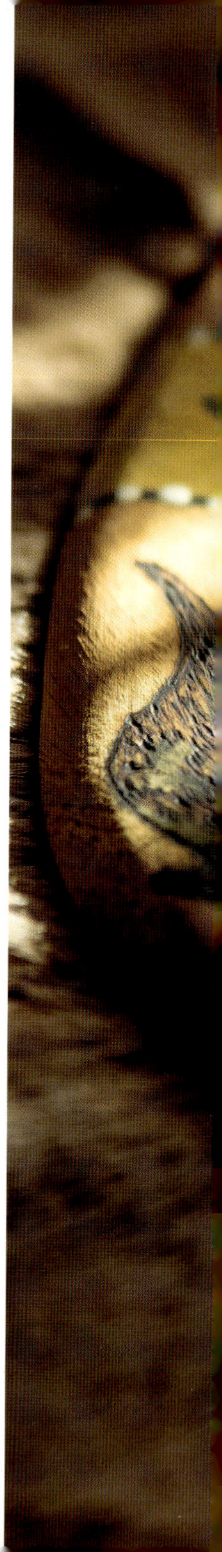

Trockene, steile Böschungen hinauf und hinunter fahren wir drei Stunden quer durch eine uns fremde Landschaft. Ab und an queren wir einen wasserführenden kühlen Bach. Die Ufer sind dicht gesäumt von frischem Grün. Pelikane klaftern davon, wenige Meter weiter umfängt uns wieder Trockenheit und Hitze.

Es ist Zeit für eine Rast. In dem Wipfel des gewaltigen Baumes, in dessen Schatten wir lagern, singt ein Vogel, sein Lied klingt ähnlich melodisch wie das des Pirols. Ausmachen kann ich den fleißigen Sänger nicht, die gummiartigen Blätter der Baumkrone stehen zu dicht. Dunklen, kühlen Schatten spenden nur wenige Eukalyptusbäume, unter deren durchsichtigem, spärlichem Blätterdach wir sitzen. Ein Schwarm Vögel rauscht vorüber, kurze, starke Schwingen, lange Stöße erinnern an Sittiche. Die Bäume duften unterschiedlich, immer wieder weht der Wind andere Gerüche zu uns. Der melodische Gesang einer Magpie-lark, einer für Australien typischen Elsterlerche, klingt herüber. Sofort folgt die Antwort. Im Nu fühlen wir uns wie in einer riesigen Konzerthalle, umgeben von mehreren gefiederten Sängern. Geräusche, Düfte, Anblicke, Stimmungen, die im Auto verborgen bleiben. Ein Bienenfresser lässt sich 20 Meter entfernt von uns nieder, ein zweiter gesellt sich zu ihm. Nachdem uns beide neugierig beäugt haben, schwirren sie davon.

Der heiße Wind macht schläfrig. Ich schlendere am Fluss entlang, und als acht, neun hühnerartige Vögel vor mir aufstehen und über das trockene Gras davonschweben, fühle ich mich an Rebhuhnjagden in Deutschland erinnert. Ich finde eine große braune Schwungfeder und stecke sie mir an den Hut, ein fast sperbergroßer Kingfisher sieht mir dabei zu.

In zwei knappen Monaten wird die seit Jahrhunderten, Jahrtausenden jedes Jahr wiederkehrende Regenzeit beginnen. Dann werden die weiten zundertrockenen Gebiete vom Wasser überflutet sein, sich große Seen und Sümpfe bilden. Wenn der Regen niederprasselt, verwandelt sich das stocktrockene Land über Nacht in einen Blütenteppich, der unzählige Vogelschwärme zum Nektartanken anlockt. Neues Leben entsteht. Eine kaum vorstellbare vielfältige Flora und Fauna mit unglaublichen Aktivitäten wird erwachen, wachsen, gedeihen, sich vermehren, um ein halbes Jahr später erneut in tiefe Ruhe zu fallen.

Als wir später an einem Schlammloch vorbeifahren, zieht ein einzelner Wasserbüffel, ein Bulle, fort. „Stop the car, let me get out and keep on driving" (Halt, lasst mich aussteigen und fahrt weiter), flüstere ich. Erstaunlicherweise kommt kein Widerspruch. Das Auto hält an, ich lasse mich hinausfallen, und es rollt langsam weiter. Der Bulle äugt dem Fahrzeug nach. Ich kann unbemerkt zum nächsten Baum kriechen, aus dem ein wunder-

schön gefärbter schwarzer Vogel mit karminroten Stoßfedern abstreicht. Der Wind weht scharfe Büffelwitterung zu mir herüber.

Minutenlang verharre ich. Endlich dreht der Bulle ab, geduckt folge ich ihm. 100, 200 Meter zieht er vor mir her, ich komme ihm nicht näher. Die trockenen Palmwedel am Boden erschweren lautloses Pirschen. Die Sonne hat das Land ausgedörrt. Es ist zundertrocken. Unter den Schuhsohlen bricht und knistert, raschelt und kracht es bei jedem Schritt. Da verhofft er. Ich gehe in die Knie und kann im Schutz des Grases näher kriechen. Der Wind steht gut für mich! Als ich auf knapp 30 Gänge heran bin, krächzen warnend Kakadus und streichen ab. Der Bulle wendet sich und äugt starr in meine Richtung. Zum Glück sind bis zum nächsten Baum, an dem ich die Waffe anstreichen kann, nur wenige Meter zu kriechen.

Als ich mich behutsam hinter dem Stamm aufrichte, steht der Koloss immer noch spitz, sein gewaltiger Körper ist von Zweigen und Blättern verdeckt. Der erfahrene Recke hat sich kurz zuvor in der roten Erde gewälzt, ist über und über mit rotem Staub bedeckt und verhofft in der einzigen kleinen Gestrüppinsel weit und breit! Anscheinend hat er seinen

Verfolger erahnt oder gefühlt. Ich glaube nicht, dass er mich bemerkt hat. Das Korn der Büchse zeigt mitten auf die breite Stirn. Deutlich erkenne ich die dunklen Lichter und den glänzenden Windfang, warte, dass sich der mächtige Kopf zur Seite dreht. Es mögen zwei Minuten sein, die wir beide uns anstarren, vielleicht auch nur ein Bruchteil davon. Kein von Menschen verursachtes Geräusch stört den Frieden.

Rot vom Sand, wirkt mein Gegenüber gegen die roten Eukalyptusstämme gemeißelt wie ein Denkmal seiner selbst. Da, endlich kommt Bewegung in den Wildkörper. Er schüttelt mit dem Kopf, senkt ihn, als wolle er mich aus einem anderen Blickwinkel begutachten, das Haupt geht wieder hoch, und der Schuss bricht. Der Bulle strauchelt und ist verschwunden.

Der Bewuchs ist dichter, als es vorher den Anschein hatte. Ich warte bewegungslos zusammengekauert hinter dem dicken Eukalyptusstamm, starre dorthin, wo eben noch der mächtige Wasserbüffel stand, lausche angestrengt nach Fluchtgeräuschen, erhebe mich erst, als meine Erregung langsam abklingt, und finde den Verendeten nach seiner letzten Flucht 50 Meter vom Anschuss entfernt. Aufregende Pirsch auf meinen ersten Wasserbüffel!

Am letzten Tag unserer Jagd heißt es: „Come on, we will show you the australian way of buffalo hunting!“ (Komm, wir wollen euch zeigen, wie man bei uns Büffel schießt!)

Als wir an einem ausgetretenen sandigen Flussbett entlangfahren, entdecken vier Augenpaare zwei davonflüchtende verwilderte Rinder. Ehe ich realisiere, dass es keine Haustiere sind, sie erscheinen exakt wie solche, beschleunigt Conway den Wagen, rast die steile Böschung so rasant hinauf, dass wir kraftvoll in die Rückenlehnen gedrückt werden, donnert hinter den beiden her, überholt sie in großem Bogen – der Wagen scheint eher zu springen als zu rollen, wir werden hin- und hergeworfen – und schneidet dem Vieh den Weg ab. Dann stoppt das Fahrzeug abrupt, Phil schießt aus dem Autofenster auf das Kalb, das ruckt zusammen, rast weiter, der Wagen folgt, ein zweiter, ein dritter Schuss, dann halten wir vor einem tiefen Graben. Phil springt aus dem Auto, legt auf der Kühlerhaube auf, schießt noch zweimal, nachdem er schon im Auto nachgeladen hat, und das Kalb geht zu Boden. „Very good meat“, freuen sich unsere Jagdkumpane. In Minutenschnelle wird das Stück mit der Axt in zwei Teile zerhackt und im Auto verstaut. Die Nahrungskette des Lebens ist unerbittlich: Pflanzen sind Nahrung für die Pflanzenfresser und diese wiederum sind es für die Fleischfresser. Der Überlegene lebt vom Unterlegenen. Mögen Vegetarier ein Glied in der Kette auslassen, das Prinzip bleibt gültig. Kaum zehn Minuten später rumpelt der Wagen weiter, als wäre weit und breit nie ein Tropfen Blut geflossen.

Nach einer halben Stunde erblicken wir eine Herde Wasserbüffel. Als wir darauf zufahren, flüchten die Tiere in einer hoch aufwirbelnden, dichten roten Staubwolke davon. Den Windfang nach vorn gerichtet, liegen ihre gewaltigen Hörner auf dem Rücken und behindern sie kaum auf ihrer Flucht zwischen den dicht stehenden Eukalyptusbäumen hindurch, aber gegen einen 200 PS starken, allradangetriebenen Dieselmotor haben sie dennoch keine Chance.

Die Kolosse wirken plump, behäbig, steif, schwerfällig und ungelenk, aber sie sind erstaunlich schnell. Doch unser Chauffeur versteht es perfekt, sein Fahrzeug geschickt über den unwegsamen Untergrund und durch den harten Bewuchs hindurch zu steuern. Die Tachonadel zeigt über 70 Kilometer in der Stunde, als wir an der Herde vorbeidonnern. Die Wagenfenster sind verschlossen. Obwohl die Klimaanlage auf vollen Touren läuft, bleibt es glühend heiß im Auto. Der Fahrerraum ist erfüllt vom süßlichen Geruch der Fleischmassen. Mehrere Schüsse fallen schnell hintereinander, es müssen acht gewesen sein, denn die Magazine der beiden Büchsen sind leer. Ein Büffel liegt, wie viele angeschossen wurden, interessiert niemanden. Auf zehn Meter sah ich auf dem Hals eines jungen Bullen, dort, wo die Kugel einschlug, eine kleine Staubwolke. Er zeigt keine sichtbare Reaktion, rast einfach weiter.

In rasendem Tempo wird nachgeladen. Weitere Schüsse fallen. Mit einem adäquaten Kaliber wären die Treffer tödlich, aber der Bulle flüchtet davon, das Auto hinterher, bis

dichtes Gebüsch den Wagen abbremst. Ich will abspringen, dem schwer kranken Stück folgen, aber Phil winkt ab, überlässt den Bullen seinem sicheren, qualvollen Schicksal.
Auf mein Drängen nach einer Nachsuche ernte ich Unverständnis. Sich wegen eines Büffels anzustrengen, aus dem Auto zu steigen, vielleicht sogar die Strapazen eines Fußmarsches auf sich zu nehmen, das kann ein Aborigine nicht verstehen. Als ob es ganz selbstverständlich sei, ein Tier anzuschießen, zu verwunden und qualvoll verenden zu lassen, rollt der Wagen weiter.
Die Aborigines sind froh, dass es einen lästigen Fresser weniger gibt, auch wenn er noch lange nicht verendet ist. „Chase them, bump them, kill them, eat them" (Jage sie, fahre sie an, töte sie, iss sie), werden wir aufgeklärt – nichts für konservative deutsche Waidmänner. Wegen eines Büffels zu laufen übersteigt das Vorstellungsvermögen der Aborigines.
Ein wunderschönes, ein riesiges, ein wildes Land, ein vollkommen anderer Kontinent als Europa, eine fremde Welt – und freie, unbeschwerte, nahezu naturbelassene Jäger.
Fröhlich durcheinanderplappernd, fahren wir weiter, und zwei deutsche Jäger – nachdenklich, mit schlechtem Gewissen beladen – sitzen schweigsam auf der Rückbank, unzufrieden mit sich und mit dem Schicksal hadernd.
„Bisons wurden in Nordamerika von den Indianern auch gehetzt, allerdings vom Pferd aus, nicht mit Autos", sinniere ich über das Verhalten und Verhältnis der Eingeborenen gegenüber Fauna und Flora. Sie nehmen sich in einer aus europäischer Sicht rücksichts-

losen Weise ihren Anteil von dem gewaltigen Überfluss der Natur, aber diesen Raubbau verkraftet das riesige Land mit seinen fantastischen Ressourcen anscheinend noch immer nahezu problemlos.

Nach knapp zwei Stunden geruhsamer Fahrt stoßen wir wieder auf eine Herde Büffel. Eine Staubwolke verrät sie. Die Tiere haben uns wahrgenommen, bevor wir sie erblickten, und preschen, donnern in einer Stampede davon. Der Motor heult auf, ohne Rücksicht auf den Wind rasen wir hinterher. Termitenhügel stürzen ein, armdicke Bäume werden umgeknickt wie Streichhölzer, kurze Vollbremsung, dann wieder Vollgas. Wir fahren neben der Herde her, überholen sie, drei Schüsse fallen, Phil am Steuer macht einen Schlenker nach links, der Wagen bremst so abrupt, dass wir von den Sitzen nach vorn geschleudert werden. Türen fliegen auf, links und rechts rasen Büffel vorbei, Schüsse fallen. Sekunden später ist der Spuk vorüber, nur dichter Staub zeugt davon, was sich hier gerade abgespielt hat.

Ein junger Bulle liegt röchelnd im Staub, eine kranke Büffelkuh quält sich hinter der Herde her. Gelangweilt setzt sich Phil auf unser Bitten ins Auto, fährt ihr nach und schießt ihr aus dem langsam fahrenden Auto hinter den Lauscher. Die Kuh bricht zusammen, der Wagen wendet, und unter vergnügtem Geschnatter brechen wir auf zu neuen Taten, während ich mir ausmale, wie viele Büffel dieses Mal verwundet wurden und über wie viele von ihnen sich noch in dieser Nacht Dingos, Schweine, später Raub- und Rabenvögel und letztendlich Fliegen und Maden hermachen werden. Sie alle müssen leben, sie alle werden benötigt, damit der Kreislauf der Natur bestehen bleibt. Wie fremd ist Jägern aus der urbanen Zivilisation dieser urnatürliche Lauf: Gebären und Geborenwerden, Töten und Getötetwerden, Fressen und Gefressenwerden, Entstehen und Vergehen.

Mit dem zerlegten Rind im Auto geht es nun nach Hause. Für die anderen Fleischmassen ist kein Platz mehr im Wagen, sie sollen später geholt werden. Um 4.00 Uhr morgens waren wir aufgebrochen, nun ist es Mittag, wir waren auch heute wieder über 300 Kilometer gefahren.

Alle in Australien eingebürgerten Tiere bereiten früher oder später Probleme: Kamele, Schweine, Büffel, sogar Kröten. Aus Südamerika eingeführt, um den Zuckerrohrkäfer zu bekämpfen, wurden sie zur Plage, haben andere Tierarten, die Nahrungsgrundlage für größere Arten waren, vernichtet. Das sind die Auswirkungen, wenn der Mensch in seiner Überheblichkeit versucht, der Natur seinen Willen aufzuzwingen und „Exoten“ einbürgert. Auch der Asiatische Wasserbüffel gehört zu dieser Spezies. Er wurde um 1825 als Arbeitstier aus Indonesien „importiert“. Die Nachkommen der eingeführten Pflug-

und Zugtiere, sie werden über 1.100 Kilogramm schwer, erreichen Schulterhöhen bis zu 1,80 Meter, richten große Flurschäden an und müssen unter Kontrolle gehalten werden. Alle wilden Tiere haben auf dem fünften Kontinent eines gemeinsam: Ihnen wird rigoros nachgestellt. Bei uns sind Tiere durch das Tierschutzgesetz von der „Sache" zum „Mitgeschöpf" geworden, das ist für den Rest der Welt unverständlich. Den Luxus, den sich die „zivilisierte" Welt mit ihren „Mitgeschöpfen" leistet, können andere Kulturen, andere Religionen nur schwer nachvollziehen. Im Haushalt der Natur ist es das Schicksal eines jeden Geschöpfes, getötet und gefressen zu werden. Selbst der Mensch macht da keine Ausnahme, wird Opfer kleinster Lebewesen, wie etwa Bakterien oder Viren.

Oft sehnte ich mich nach ursprünglichem Jagen, bei dem Fleisch für die Ernährung und nicht die Trophäe Vorrang hat. Wie oft habe ich übertrieben zur Schau getragene Waidgerechtigkeit sowie manche Jagd- und Naturschutzgesetze verurteilt, in Australien habe ich sie herbeigewünscht, habe wieder erfahren, dass Jagd eine Kunst ist, die gepflegt und kultiviert werden will, um Freude zu machen. Ohne selbst gesteckte ethische Grundsätze ist Jagen für mich wenig reizvoll. Manche europäischen Jäger glauben zwar, sie würden jagen, haben sich aber stattdessen in der Realität von der Natur entfernt und

lediglich eine Notwendigkeit kultiviert. Sie verurteilen Jagdmethoden, die nicht ihrer Maxime entsprechen, oder lächeln mitleidig darüber, kennen Jagd, die dem Überleben gilt, kaum und sind nicht mehr eins mit der Natur. Stattdessen erschaffen sie Regeln, die auf falschem sportlichem Ehrgeiz (ich schieße nur auf wirklich hohe Fasanen), vagen Tierschutzideen (ein dreijähriger Spießer ist ein Artverderber) oder auf übertriebener Sammelleidenschaft, sprich Trophäenkult, beruhen. Jäger in Europa nehmen einen Fehlschuss oder das Anbleien von Wild lieber in Kauf, als einen Hasen in der Sasse oder einen laufenden Fasan zu schießen, und verbrämen das mit dem Begriff „Waidgerechtigkeit". Sie glauben zudem, sie müssten der Natur ins Handwerk pfuschen, könnten erfolgreich Hege, Raubwildbejagung, Wildbewirtschaftung in lediglich 200 Hektar großen Revieren bewerkstelligen. Wer jemals in der ursprünglichen Weite einer von Menschen kaum berührten Wildnis dem Wild nachgestellt hat, hat gelernt, wie überheblich manche dieser Vorstellungen von Jagd sein können.

Mit Begriffen wie „Hege", „Trophäenbewertung", „Wildbewirtschaftung" und auch „Waidgerechtigkeit" mag man in Europa punkten, in ursprünglichen Landschaften, in denen Menschen noch in archaischen Traditionen verhaftet sind, auch wenn sie sich moderner Hilfsmittel bedienen, erwirbt man sich damit keine Meriten.

Die Menschheit setzt seit Urzeiten bei der Nahrungsbeschaffung ihre Intelligenz ein, hat Hilfen erdacht und Werkzeuge geschaffen. Viele Ureinwohner jagen aber noch auf ursprüngliche Art und Weise. Während in Europa mit Pferden, Vögeln, Hunden, mit Armbrüsten, Spießen, Pfeilen, Netzen und Fallen dem Wild nachgestellt wurde, taten es die Aborigines unter anderem mit Bumerangs. Ich war gespannt auf die Begegnung mit den Einheimischen Australiens, auf ihr Denken und Handeln, das ebenso wie ihre Sitten und Gebräuche anderen Normen unterliegt.

Ich war ausgezogen, ein neues Jagdgebiet zu erkunden, um „Hobbyjägern" Möglichkeiten zu erschließen, ihrer archaischen Veranlagung nachkommen zu können. Viele meiner Jagdgäste leben aber in einer Traumwelt. In Australien sieht die Realität anders aus, als sie es sich erhoffen. Mein Job ist es, Begehrlichkeiten zu wecken, Eitelkeiten zu befriedigen, Trophäenabschüsse zwecks Anerkennung zu vermitteln, Träume zu verwirklichen, Illusionen zu liefern, aber mein Job ist nicht zeitgemäß, jedenfalls nicht bei den Aborigines in Down Under.

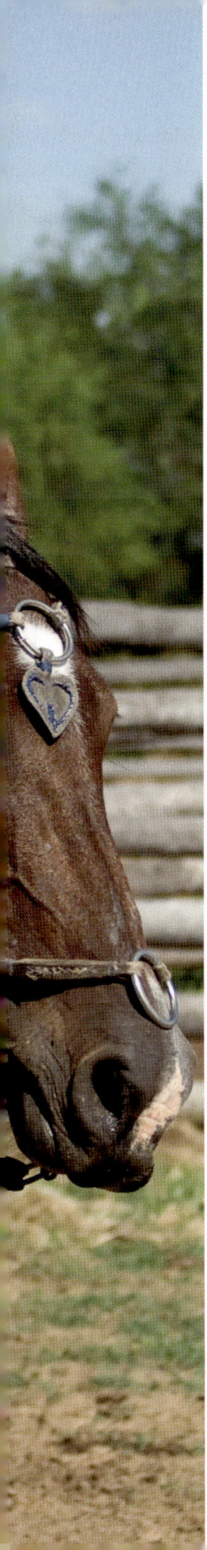

Gauchos und die Pampa

Drei Dinge fallen einem durchschnittlichen Mitteleuropäer zu Uruguay ein: Zur Literatur: das wunderbare Lustspiel von Curt Goetz „Das Haus in Montevideo". Die Geschichte eines ebenso verknöcherten wie sittenstrengen Oberlehrers, der sich wegen einer reichen Erbschaft wohl oder übel von seiner erhabenen Sittenstrenge lossagen muss. Zum Sport: Die Fußball-Nationalmannschaft Uruguays, von Einheimischen „La Celeste" (zu Deutsch „die Himmelblauen") genannt. Die „Celeste" wurde zweimal Fußballweltmeister. Zur Politik: Kurz nach Ausbruch des Zweiten Weltkriegs versenkte das deutsche Kriegsschiff „Admiral Graf Spee" neun britische Handelsschiffe im Südatlantik.

Am 13. Dezember 1939 verwickelten britische Kriegsschiffe die „Admiral Graf Spee“ in ein Feuergefecht, in dem das deutsche Schiff schwer getroffen wurde. Sein Befehlshaber Hans Langsdorff ließ es den Hafen von Montevideo anlaufen, um seine volle Seetüchtigkeit wiederherstellen zu lassen. Nach einem Gerangel unter Diplomaten musste die „Admiral Graf Spee“ Montevideo jedoch wieder verlassen, Langsdorff ließ sie in der Mündung des Río de la Plata versenken und nahm sich drei Tage später das Leben, die Besatzung ließ sich internieren.
Jäger wissen aber noch mehr über Uruguay: In diesem südamerikanischen Land lässt es sich jagen wie in Deutschland: Hirsche, Sauen und vor allem Flugwild jeglicher Couleur. Mein Freund Bogislav von Zitzewitz besitzt in Uruguay eine Hacienda, deren Wildreichtum für deutsche Verhältnisse phänomenal ist.

Eine Schleife dreht die kleine Cessna noch über der Hauptstadt, in der über zwei Drittel der Bevölkerung des südamerikanischen Landes wohnen, dann fliegen wir nach Norden, lassen das Delta des Río de la Plata hinter uns. Tief unter uns glänzen Sümpfe, Flüsse und Seen, breite Ströme, die wie Rinnsale wirken, mäandern durch die Landschaft. Das Land wirkt flach, in der Tat aber ist es hügelig. Die Flussläufe sind bewaldet. Zwischen ursprünglichem Busch wurden Wälder angepflanzt, in denen Bäume ordentlich in Reih und Glied stehen – schnellwüchsiger Eukalyptus, der schon nach zehn Jahren schlagreif für die Papierindustrie und den Export bestimmt ist.
Wir überfliegen den Río Negro, einen gewaltigen Strom, und je nördlicher wir kommen, desto dünner besiedelt ist das Land. Die Zeit vergeht buchstäblich wie im Flug, bis wir nach eineinhalb Stunden in Itatí, dem Ziel meiner Reise, landen.
Naturreservate und große Jagdfarmen haben mich von Kindheit an fasziniert. So zum Beispiel Askania Nova, heute ein über 100.000 Quadratkilometer großes Gebiet in der Ukraine, in dem ich jagen durfte. Die Errichtung geht auf eine Stiftung der deutschen Familie v. Falz-Fein zurück, die es 1888 von der Zarin erwarb. Das Buch „Das Paradies in der Steppe“, das Askania Nova ausführlich beschreibt, habe ich mit großer Begeisterung verschlungen.
In Itatí erlebe ich ein zweites Mal, was Passion, Eigeninitiative und Wagemut zu bewegen vermögen. Hier hat sich mein Freund Bogi einen Traum erfüllt, kein Paradies in der Steppe, nein, ein Paradies in der Pampa!
Der Sonnenblumenschlag ist bereits im April, also vor einem Monat, abgeerntet worden. Bogi hat von dem 105 Hektar großen Feld, an dem ich auf Schwarzwild hoffe, ein Viertel stehen lassen für Axishirsche, Sauen und Tauben.

Wir saßen nur kurz auf der Veranda des großen Farmhauses, schauten träumend auf das silberne breite Band des Río Uruguay, am anderen Ufer liegt Argentinien, und freuten uns auf Jagdtage in urtümlicher, urwüchsiger, unberührter Natur.
Drei Stunden nach Ankunft auf der Hacienda bringt mich mein Gastgeber zu „meinem" Hochsitz. In Südamerika sind solche Reviereinrichtungen eher selten, bestehen aus abenteuerlichen Konstruktionen, deren lebensgefährliche Besteigung europäischen Jägern eine gehörige Portion Mut abverlangt.
Schon die Anfahrt durch die menschenleere Pampa, der südamerikanischen Weidesteppe mit ihrem unglaublich vielseitigen Tier- und Pflanzenreichtum, ist beeindruckend. Hühner trippeln vor dem Geländewagen über die Fahrspur, und hinter jedem Busch oder Strauch präsentiert sich ein anderer Teil der reichhaltigen Vogelwelt Uruguays. Immer wieder heißt es: raus aus dem Auto, Gattertor öffnen, hindurchfahren, Gatter schließen, rein in den Wagen, wie überall dort, wo extensive Viehwirtschaft betrieben wird.
Zehn Nandus beäugen das vorüberfahrende Auto. Auf sie, aus Kreuzworträtseln als seltene südamerikanische Straußenvögel bekannt, trifft zumindest das „selten" für diesen Teil Lateinamerikas nicht zu: Auf der 3.000 Hektar großen Estancia leben weit mehr als 100 dieser großen Laufvögel.

Nach halbstündiger Fahrt verlasse ich das Auto und stapfe zwischen vertrockneten Sonnenblumenstauden zum Sitz. Rundherum habe ich mehrere Hundert Meter Sichtfeld, mein Schussfeld ist aber durch trockene Stängel und Stauden begrenzt. Aberhunderte von Tauben, einzeln, als Paare, in großen Schwärmen, ziehen von den Sonnenblumenfeldern zu ihren Schlafplätzen.

Links von mir ein Wasserloch. Als es dunkler wird, erklingt erst zaghaft, dann anschwellend das Geläut der Unken und das Rufen der Gallinetas, einer Rallenart.

Erst in den frühen Morgenstunden, wenn der neue Tag anbricht, wird an den Wasserlöchern der Pampa diese seit Urzeiten bestehende ewige Nachtsymphonie wieder verstummen.

Ein Tero, eine Kiebitzart, der Wächter der Pampa, krächzt, zeigt Wild an, verrät aber dem Wild auch den Menschen, daher ist er hier nicht sonderlich beliebt. Ansonsten kein Flugzeug, kein Autoverkehr, überhaupt keine Zivilisationsgeräusche – nur die Stimmen der Natur.

Je mehr sich die Sonne dem Horizont nähert, desto mehr lässt der Taubenflug nach, ebbt schließlich völlig ab. Ein Schof Enten streicht vorüber, klingelt in der Luft, anders, dumpfer, als es Stockenten tun.

Es wird kühl. Als wir das Farmhaus verlassen haben, zeigte das Thermometer vier Grad an, nun bleibe ich von Moskitos weitgehend verschont. Allerlei mir fremdartige Vogelstimmen verabschieden den scheidenden Tag. Sauen, Axishirsche und Füchse habe ich frei, aber keine der drei Wildarten lässt sich an diesem Abend blicken.
Am nächsten Morgen geht es auf denselben Ansitz. Atemlose Stille! Dann steigt ein schnepfenartiger Vogel in die Höhe, eine Bekassine? Ich kann sie nur erahnen, die Geräusche, die sie erzeugt, ähneln denen einer „Himmelsziege".
Auf dem Wasserloch fallen Enten ein. Noch höre ich nur schrille Pfiffe und das plätschernde Geräusch, wenn sie auf die Wasseroberfläche klatschen, aber bald erkenne ich mehrere dunkle Punkte auf dem Wasser, das das allmählich heller werdende Licht des Himmels reflektiert.
Plötzlich habe ich, 40, 50 Gänge entfernt, vier Schatten im Glas. Sauen! Zum Schießen reicht das Licht aber nicht.
Als der Tag vollends erwacht, verlasse ich meinen Sitz wieder – ohne Beute, aber zufrieden über den Anblick, das Erleben eines stimmungsvollen Morgens und in der sicheren Gewissheit, dass Sauen da sind.
Ein weiteres Mal sitze ich auf „meiner" Leiter und warte. Lauschen, riechen, schauen, staunen oder einfach nur dasitzen, ohne Zeitnot das Farbenspiel des Himmels genießen, ohne über unerledigte Korrespondenz nachdenken zu müssen – die Natur, die Weite der Pampa haben heilende Wirkung.
Von der Sonne beschienene Kumuluswolken, von rot bis lila, von goldgelb bis orange leuchtend, verzaubern meine Umgebung, verleihen der Stimmung etwas Drohendes, Geisterhaftes, Schwermütiges.
In einem kugeligen Busch sitzt ein Martín Pescador, ein Kingfisher, unserem Eisvogel ähnlich. Dann entdecke ich einen zweiten. Er lässt sich ins Wasser fallen, auf der Oberfläche breiten sich ein paar Ringe aus, und im Nu sitzt der Jäger wieder auf seinem Zweig, mit einem kleinen Fisch im Schnabel. Auf dem höchsten

Ast eines dornigen Baumes am Rand des Wassers ruft ein anderer Vogel. Sein Brustgefieder leuchtet gelb, von einem anderen Baum erhält er Antwort, und dann stimmt ein dritter in diesen Reigen ein. Loros, grüne, wellensittichartige Papageien, schwirren krächzend vorüber.

Da schieben sich aus dem Gestrüpp zwei Sauen, wechseln an der Kante entlang, wenden 20 Meter weiter nach rechts, ich beschieße die erste, repetiere, um auch die andere zu erlegen, aber beide Kujel gehen ab, und als der erste nach 40, 50 Fluchten zusammenbricht, ist die Entfernung zu groß, um auch noch die zweite Sau zu erlegen.

Da wir den Sauen in dem dichten Gestrüpp der Niederungen des Río Uruguay durch Pirsch oder Ansitz nur schwer beikommen, wird mit den Nachbarn eine Drückjagd vereinbart. Treffpunkt ist das kleine Hirsefeld, das an die Nachbarfarm grenzt. Klein mag übertrieben sein bei einem Schlag mit einer Ausdehnung von über 150 Hektar.

Ein neuer Tag bricht an.

Im Dunkeln sitzen wir bereits auf den Pferden und reiten der aufgehenden Sonne entgegen. Es ist paradiesisch schön, die fremdartigen Pflanzen, die Wildheit, die Ursprünglichkeit und die Farbtöne dieser faszinierenden Landschaft vom Pferderücken aus zu genießen.

Schwer vom Tau, hängen die Gräser zu Boden, und bald bin ich bis zu den Oberschenkeln völlig durchnässt.

Ab und zu gilt es, ein Gattertor zu öffnen. Ein Gaucho steigt dafür selbstverständlich nicht vom Pferd, er bewältigt diese Angelegenheit mühelos vom Pferderücken aus.
Schließlich treffen wir auf unsere Freunde von der Nachbarfarm, allesamt passionierte Hundeführer. Viktor, Pedro, Emanuel und wie sie alle heißen – wahrlich abenteuerlich anmutende Gestalten. Jagdpassion, Lust am Wildern spricht aus ihren schwarzen Augen. Die auf dem Anhänger heulenden Hunde sind ebenso sehenswert wie ihre Führer, genauso von Neugier und Erwartung geplagt wie wir alle.
Sieben, acht Vierläufer aller möglichen Rassen sind es – oder besser gesagt, alles, was beißen kann, ist in sie hineingezüchtet worden. Ein (fast) reinrassiger Boxer und ein gutmütiges Riesentier, in dem sich alle großen Doggen der Umgebung vereint zu haben scheinen, befinden sich unter der wild bellenden Ladung.
Nach längerem temperamentvollem, lautstarkem Palaver ziehen wir auf unseren Pferden weiter, um das Treiben zu umstellen. Und das ist ebenso zeitaufwendig, wie es gute Überlegungen und Erfahrungen benötigt, um eine Fläche von über 700 Hektar möglichst Erfolg versprechend abzustellen. Wir kreuzen ausgetretene Wechsel, von Schwarzwild und Rindern gleichermaßen genutzt, galoppieren über weite, mit stachligem Gras bewachsene Flächen, traben durch übermannshohes Pampasgras und kniehohes, ginsterartiges, wacholderähnliches Gestrüpp.
Die Landschaft wird von der Morgensonne beschienen, und der Tau beleuchtet, verzaubert Gräser und Sträucher in ein glitzerndes, ja gleißendes Meer, und wir reiten weiter in den Tag hinein. Mitunter ist nur das Knarren des Sattelzeugs zu hören. Dann rufen Rinder in der Ferne, Axiswild schreckt, und aufgescheuchte Vögel kreischen davon.
Wir reiten durch tiefen, platschenden Morast, der die Pferde bis zu den Kniegelenken einsinken lässt. Schlamm spritzt auf. Die leuchtend hellgrünen Pflänzchen links und rechts unseres Pfades, die wie Schachtelhalm wirken, sind schließlich erdbraun gefärbt wie Ross und Reiter.
Nach einer weiteren Stunde Ritt durch die Unberührtheit der Pampa tritt das Funkgerät in Aktion. Ich kann nicht verstehen, was mein Vorreiter sagt. Kurze Diskussion über den Äther, dann geht es wieder voran.
Unendlich weit können unsere Blicke über sanfte Hügel und sattes Grasland, das sich mit Schründen, Tälern und Unebenheiten bis zum Horizont hinzieht, schweifen.
Dann reiten wir durch undurchsichtigen Buschbestand, so hoch, dass er uns auf dem Pferderücken um eine halben Meter Länge überragt, so dicht, dass die Pferde Schwierigkeiten haben, sich hindurchzuzwängen, und die Reiter ebensolche Probleme haben, um nicht vom Sattel gestreift zu werden.

In einem stachligen Baum, der vollhängt mit kleinen Schoten, erblicke ich ein riesiges Loronest. Ausschließlich aus Dornen gebaut, hat kaum ein Nesträuber eine Chance, hier einzudringen.
Schließlich binden wir die Pferde an einen Dornenbusch und schleichen eine halbe Stunde gebückt auf ausgetretenen Wechseln durch dichtes Unterholz. Plötzlich ruft mein Begleiter Hector: „Cuidado, jabali! (Achtung, Schwein!)“, geht in die Knie und lässt sich zur Seite fallen.
Im gleichen Moment rast eine Sau auf uns zu, verlässt drei Gänge vor uns den Wechsel und ist im Nu wieder im dichten Gestrüpp verschwunden. Wir bewegen uns nun vorsichtig hin und her, quer zu dem getriebenen Hirsefeld. Nicht das, was man unter Drückjagd versteht, aber effektiv und spannend.
Tauben gurren, ich habe das Gefühl, ich pirsche in Afrika.
Eine Bache mit Frischlingen huscht über eine freie Fläche, dann sehe ich ein einzelnes Schwein. Ob Keiler oder Bache, kann ich nicht sicher ansprechen. Bei diesem Sauenreichtum in einer von Zivilisationsdenken weit entfernten Ursprünglichkeit ist das bei den Gauchos ohne Belang.
Bald darauf kündigen sich durch lautes Prasseln vier Überläufer an, einer verendet zehn Meter vor mir auf einer Blöße. Viel später wird er von einem Pferd mit einem Lasso aus dem Gestrüpp und zwei Kilometer weit bis zu einer Schneise, die nur zu erahnen ist, aber als „Straße“ bezeichnet wird, geschleift.
Auf unserer weiteren „stehend-gehenden“ Pirsch lasse ich sechs Stück Axiswild, alles Tiere, unbeschossen passieren. Schüsse hört man in diesen unermesslichen Weiten ohnehin nicht, es ist auch nicht auszumachen, wo Nachbarschützen stehen und sich die Hundeführer befinden. Ich bin umgeben von Einsamkeit, Weite und Abgeschiedenheit.
Am Abend sitzen wir am Feuer, schlürfen aus einer mit Leder umspannten Kalabasse bitteren Mate, genießen gedankenverloren die unbeschreibliche Atmosphäre der weiten Pampa, die Stille in der endlosen, herrlichen Steppe und starren versonnen in die tänzelnden Flammen des Feuers.
„Mir graut davor, wieder nach Deutschland zurückzukehren“, beichte ich Bogi. „Es ist nicht die Heimkehr, die dich traurig stimmt“, erwidert er nach längerem Sinnen, „es ist der Abschied, es ist die Steppe, die das Herz weit und den Sinn sehnsüchtig macht, die aber auch traurig ist in all ihrer Schönheit. Traurig sind ihre Menschen und wehmütig ihre Lieder. Denn das Unermessliche ist ernst – trotz fröhlicher Vogelstimmen und bunter Blumenpracht.
Ich schweige, wir alle schweigen …

Die Pampa ist wie das Meer – sie ist zu groß für den Menschen, wir können sie nicht begreifen."

Gras, Gras, Gras – Weite, Weite, Weite bis zum Horizont, der schier ins Unendliche zu münden scheint. So weit der Blick reicht, dehnt sich am nächsten Morgen die Pampa wieder vor uns aus, selten einmal unterbrochen von schnurgeraden Zäunen, einer kleinen Rinderherde oder einigen Schafen.

Öde? Einsamkeit? Mitnichten: Auch die großen Grasflächen, die in der Entfernung auf den Betrachter wenig abwechslungsreich wirken, sind aus der Nähe betrachtet voll quirligen Lebens, voller Unterschiedlichkeiten und Aktivitäten.

Unser Jagdrevier erstreckt sich über viele Kilometer im Umkreis, so weit das Auge reicht unberührte Natur, bis zum Horizont.

Als wir mit dem Auto querfeldein fahren, purren immer wieder Hühner vor uns hoch. Sie finden das ganze Jahr hindurch ideale Lebensmöglichkeiten in dieser weiten, abwechslungsreichen Graslandschaft.

Ein Carpintero de Campo fliegt davon. Wie treffend der Name dieses Vogels: Zimmermann des Feldes, eine Spechtart, in Ermangelung von Bäumen baut er seine Höhle auch schon mal in einem Termitenhaufen.
Von einem Baum mit langen spitzen Stacheln, der an den afrikanischen Kameldorn erinnert, singt ein anderer hübscher gelber Vogel. Dieser Sperlingsvogel wird hier „Ven te Veo“ genannt, auf Deutsch: „Komm, ich sehe dich“.
Die uns begleitenden Hunde erinnern an Hühnerjagden in Europa: Englische Pointer. Kaum haben wir das Auto verlassen, rasen die Hündinnen Jefa und Isla los, stehen fest vor, ein herrlicher Anblick. Fünf Minuten später hängen bereits zwei Hühner am Galgen, und es macht sich ein unbeschreibliches Glücksgefühl in mir breit, Terminkalender, Stress, Zukunftssorgen fallen von mir ab, die Natur nimmt mich wieder in ihre Mitte.
Ein Erlebnis, mit solchen Hunden jagen zu dürfen. Traurig, dass es diese reizvolle Jagdart in Europa kaum noch gibt. Viele alte Jäger kennen sie nur noch aus der Erinnerung, jüngere nur noch aus Erzählungen. In ihrer perfektesten Form habe ich sie in den letzten 30 Jahren nur in Afrika und Südamerika miterleben dürfen. Mein Blick streift weit über die endlose Steppe. Weit holen die Hunde aus, um sodann gegen den Wind auf

uns zuzusuchen. „Calma!“ (Ruhig!), „Busque!“ (Such voran!) und „Traiga!“ (Apport!) lauten die Kommandos.

Steht der Bewuchs höher, schießen sie pfeilschnell wie Striche durch das Gras, man erkennt nur ihre Rückenlinie im wild hin und herwedelnden Gras. Wenn sie sekundieren oder vorstehen, sich ducken, sind sie mitunter gar nicht zu sehen, und wir müssen auf gut Glück suchen, aber dafür bleibt immer genügend Zeit.

Man braucht sich nicht zu beeilen, wenn sie geduldig auf den Jäger warten. Es ist herrlich, zu beobachten, wie sie gierig und genussvoll Witterung holen.

Mitunter verharren beide mehrere Minuten bewegungslos, wie ein Denkmal, bevor wir sie finden und auf die „perdizes“ stoßen. „Dale, Dale!“ und „Muy bien, muy bien!“ werden sie dann gelobt, und unsere Vierläufer verstehen jedes Wort, wedeln dankbar mit ihrer Rute. Zwischendurch bleibt Zeit zum Verweilen, zum Schauen und Staunen.

Erdeulen, Lechuza genannt, Tagvögel, die in den Bauen der Gürteltiere nisten, gaukeln davon. Kiebitze, von uns und den Hunden aufgeschreckt, kreischen in taumelndem Flug fort, lassen sich nach 20 Metern wieder nieder, um vom Erdboden aus auf uns zu schimpfen. Horneros, eichelhähergroße braungrau gefiederte Vögel, fliegen ebenfalls auf. Sie bauen ihre doppelt tennisballgroßen Nester aus Lehm und Schlamm in einem

Algarrobo-Baum, einer Pflanze mit feinen Mimosenblättern, die sehr hartes, schweres, rötliches Holz für die Möbelindustrie liefert.

In der Nähe steht ein Coronilla, ein korpulenter dorniger Baum mit buchsbaumähnlichen Blättern. Beide Baumarten findet man oft zusammen, weil Vögel aufgenommene Coronillasamen auf dem Algarrobo sitzend ausscheiden.

Über weite Strecken ist das Gras von Rindern oder Schafen kurz gefressen und bietet dem Wild keinerlei Deckung, mitunter ist es jedoch so hoch, dass wir die Hunde nicht arbeiten sehen.

Dicht an dicht stehen kleine Blumen, leuchten lila Blüten zwischen allerlei Geröll. Frisches Grün sprießt, dazwischen welkt verdorrtes braunes Gras vom vergangenen Jahr, und überall stoßen die Hunde auf Hühner. Ein Schatz, den die unverdorbene Natur uns bietet! Vereinzelt stehen seltsam anmutende große Pilze und wollen sich so gar nicht in diese Landschaft einpassen.

Der warme Wind weht ständig von Norden, von Brasilien her. Die Hunde verstehen ihn aber zu nutzen und finden immer wieder ein Wasserloch, wo sie trinken und sich abkühlen können.

Schließlich trennen wir uns. Ich gehe mit Martin, Bogi und Isla nach Süden, die drei restlichen Jäger ziehen mit dem anderen Pointer Richtung Osten. Ab und zu klingen Schüsse herüber, aber wir achten kaum darauf, sind vollauf damit beschäftigt, unserer Hündin zu folgen und deren wunderschöne Arbeit zu beobachten.

Sie sucht sehr weit voran, holt sich Wind, schlägt in raumgreifendem Galopp große Bögen und steht dann, wie von magischer Hand gestoppt, steif und starr, mitunter den Fang nach unten gesenkt, mitunter nach vorn, und zeigt ein Huhn an. Dann steht sie wie festgenagelt, streckt sich mehr und mehr, scheint lang und länger zu werden, meine Schritte werden größer und schneller, und ich stehe erneut erst hinter, dann neben ihr, folge der Richtung, in die ihre Nase weist. Wieder geht ein Huhn hoch.

Mitunter stehen die Hunde so fest vor, dass sie mehrmals aufgefordert werden müssen, voran zu suchen, weiter fort zu ziehen, und oft gehe ich sogar vor ihnen her, vorsichtig leise auf sie einredend, und dann stehen, wenn der Wind gut steht, urplötzlich die Hühner trotzdem noch 20, 30 Meter vor uns auf.

Diese Pointer apportieren auch. Ihre Nasen werden nicht geschont – wie mitunter in Europa, wo man ihnen, um ihren Geruchssinn nicht zu verderben, das Apportieren „abnimmt".

Es sind selten Ketten, die aufstehen. Obwohl in Südamerika Herbst herrscht, sind es meistens einzelne oder Paarhühner, die von uns fortpurren.

Herden von Nandus flüchten davon, die verkümmerten Schwingen auf den Rücken gelegt, das schneeweiße Hinterteil hell leuchtend. Ich hebe zwei große Federn dieser verhassten Eierräuber auf und stecke sie mir an den Hut.

Immer wieder wird man von Gräben, sumpfigen Senken oder Wasserflächen überrascht. Das Gesicht der Pampa ist vielseitig und manchmal trügerisch.

Wie ein rollendes dunkles Knäuel hoppelt in kurzen Sprüngen ein Stinktier davon und verschwindet nach 50 Metern ungelenker Flucht im Bau eines Gürteltieres.

Während die Hunde suchen, bleibt genügend Zeit, nach oben zu schauen, denn auch während der Hühnerjagd partizipieren wir am Taubenreichtum des Landes. Mal rauscht ein großer Flug vorüber, dann wieder sind es einzelne Tauben oder, durch heiseres Krächzen angekündigt, langschwänzige Papageien mit ihren typischen spitzen Stößen und Schwingen. Wir können ohne Bedenken aus dem Vollen schöpfen. Künstliche Pestizide, Herbizide, Fungizide, all das, was der Natur in Europa sonst noch zugemutet wird, kennt man hier kaum. Von Chemie weitgehend verschont, bietet die Landschaft nicht nur Tauben und Hühner, sondern auch zahlreichem anderen Getier idealen Lebensraum, Deckung und Äsung in Hülle und Fülle.

Am nächsten Tag streife ich mit Bogi sowie einem Helfer und den beiden Pointern noch einmal durch die Pampa. Der stimmungsvolle Morgen mit dem rötlich schimmernden Himmel in vielen orange- und lilafarbenen Nuancen währt nur kurz, weicht milchigem, diesigem Dunst. Der intensive Morgentau bietet ideale Voraussetzungen für die empfindlichen Hundenasen. Unsere Gummistiefel sind bald pitschnass.

Weit, ausgelassen ihre Freiheit genießend, suchen die Pointer, aber sobald sie sich gelöst haben, werden sie zurückgepfiffen und disziplinieren sich selbst. Noch ist es frisch, der Wind weht aus Nordosten uns und auch den Hunden ins Gesicht.

Wenn sie stehen, sind sie manchmal über 50 Meter entfernt, trotzdem ist keine Eile geboten. Gemächlich nähere ich mich den herrlichen Standbildern. Niemals markieren die Hunde, ohne dass ein Huhn aufsteht. An diese Verlässlichkeit kann man sich schnell gewöhnen.

Anfangs flitzen Jefa und Isla wie weiß-schwarze Derwische kreuz und quer, und ich enttäusche die beiden nach ihren hervorragenden Leistungen, denn nur jeder dritte oder vierte Schuss ist ein Treffer, aber meine Ergebnisse werden besser. Die Jagd auf flach abstreichendes Wild konnte ich seit vielen Jahren nur selten praktizieren, es fehlt an der nötigen Übung. Trotz anfangs miserabler Schussleistungen ist die Strecke beträchtlich.
Dann weht der Wind von der Seite her, und auch die Hühner streichen nach links und rechts ab. Das Schießen wird einfacher, die Hunde bekommen mit dem Apportieren wieder mehr Arbeit.
Unvermittelt flügele ich ein Huhn. Über 100 Meter entfernt geht es zu Boden, aber für die Pointer ist es überhaupt kein Problem, es zu finden und zu bringen. Erstaunlich, wie fest die Hühner liegen – oft minutenlang –, und während ein Pointer wie hypnotisiert vorsteht, sekundiert der andere fasziniert. Auch wenn einer von ihnen über 100 Meter

entfernt ist, kann ich mir noch geruhsam eine Pfeife stopfen, bevor ich an den Ort des Geschehens stapfe.

Dann durchstreifen wir den Monte, eine Fläche, die mit überdimensional großen Sträuchern und hüfthohem Heidekraut bewachsen ist. Für die Hunde ist es nicht einfach, hier zu suchen und zu finden. Weil wir nur selten sehen können, wo sie vorstehen, verlassen wir diese Parzelle bald, obwohl es darin von Hühnern nur so wimmelt.

Als wir nach drei Stunden die Jagd beenden, sind die Hunde immer noch so munter, als hätten sie diese vielen Kilometer, die sie kreuz und quer gelaufen sind, gar nicht gejagt. Für hiesige Verhältnisse ist unsere Strecke nach knapp drei Stunden gering: 51 Hühner. Als ich Bogi erkläre, dass es für mich die höchste Rebhuhnstrecke seit 20 Jahren ist, freut er sich genauso wie ich.

Die beiden jagdpassionierten Gauchos, die uns begleitet haben, sind trotz des zu erwartenden Muskelkaters begeistert. Das Laufen ist nicht ihre Art. Sie bewältigen den Tag über fast alles vom Pferderücken aus, treiben das Vieh, essen, trinken und schlafen sogar im Sattel. Sie haben in diesem Teil der Erde noch ein natürliches, von der Zivilisation nicht verdorbenes Verhältnis zur Natur, machen ohne Bedenken Beute. Töten gehört zum Leben, Beute machen zum Überleben.

In Venezuela und Kuba habe ich in den Reisfeldern oft Wasserwild gejagt. Unvergessliche Stunden und Tage, die in Gedanken an mir vorüberziehen, als wir von Itatí in den Norden fliegen, um Enten zu jagen.
Die Ladung der Cessna würde bei manchem Zeitgenossen Erstaunen hervorrufen: Vier Hunde springen als Erste aus der Maschine, dann folgen wir drei Jäger.
Als wir uns am späten Nachmittag den riesigen Flächen nähern, gehen Wolken von Wasservögeln hoch, der Himmel verdunkelt sich förmlich.
Ein Kreischen, Krächzen und Piepsen – Zikaden, Frösche, Unken, Kröten, dazu alle nur erdenklichen Wasservögel vereinen sich zu einem lauten Konzert, das ab und an vom Brüllen der Kühe, die auf dem Weideland in einigen Kilometern Entfernung stehen, untermalt wird.
Dazwischen schmatzt und schnalzt es von allen Seiten – all das, vom zunehmenden Mondlicht beschienen, vermittelt der Szene eine geisterhafte Atmosphäre.
60 oder 70 Meter entfernt steht ein Reiher – unbeweglich. Immer wieder schaue ich zu ihm, und fast eine halbe Stunde vergeht, bis Bewegung in den hübschen weißen Vogel kommt. Sein starker Schnabel stößt blitzschnell nach vorn und nach unten. Das Licht ist allerdings zu schwach, als dass ich sehen könnte, ob seine Jagd erfolgreich ist. Auf dem fast zugewachsenen Flussarm, zehn Meter von meinem Stand entfernt, schwimmt eine Nutria, steigt auf der anderen Seite des Wassers aus und gibt mir Muße, sie zu beobachten.
Es ist das erste Mal, dass ich einen Hund auf solch einer Entenjagd bei mir habe, einen schwarzen Labrador, der auf den Namen Topo hört und mir auch tatsächlich gehorcht.
Der Nordwind hat wieder warmes Wetter aus Brasilien herübergeweht, und fast ohne Unterbrechung streichen Enten über mich hinweg.
Anbacken, mitschwingen, schießen, dann ist Topo an der Reihe. Ohne Kommando stürmt er los und bringt nach kurzer Suche eine Ente nach der anderen.
Das Reisstroh liegt in langen Schwaden, manchmal klatscht eine Ente aufs Wasser, dann wieder fällt eine unter das nasse, hohe Reisgras, für Topo schwer zu finden, aber ich verliere an diesem Abend keine einzige Ente. Greifvögel, Füchse und anderes Getier gehen leer aus.
Nachdem ich bereits vier Tage auf Flugwild gejagt habe, freue ich mich über meine Schussleistungen, und am Ende habe ich mit 48 Patronen 40 Enten erlegt.
Der nächste Morgen in den Reisfeldern beginnt erneut stimmungs-, ereignis- und erlebnisreich, nachdem die über eine Stunde währende Matetee-Zeremonie beendet ist.
Ich stehe in einem aus Bambus und Schilf gefertigten Schirm. Der zunehmende Mond,

der in der südlichen Hemisphäre nicht aufrecht am Himmel steht, sondern mit der Sichelöffnung nach oben weist, beleuchtet das Land.

Immer wieder klingeln Enten mit schrillen Rufen schemenhaft über mich hinweg. Ich ahne sie mehr, als dass ich sie sehe, muss mich mit dem Schießen gedulden, bis das Licht besser wird.

Langsam kündigt sich am Horizont der Morgen mit Himmelsfärbungen an, wie man sie in dieser Intensität in Europa nicht kennt. Irgendetwas am Himmel wird den staunenden Augen immer geboten: Reiher, Störche, Ibisse und vor allem Enten.

Und dann kann ich gegen den wunderbaren orangerot gefärbten Himmel eine Dublette schießen, und kurz danach bringt mir Topo eine weitere Ente.

Schnell wird es nun hell. Mit zunehmendem Licht streichen immer mehr Enten auf die Äsungsflächen.

Eines der reizvollsten Aspekte dieser Jagd: Die Enten kommen aus allen Richtungen, manche flach, nur wenige Meter über dem Erdboden, andere hoch und scheinbar schwerfällig, wieder andere in rasend schnellem Flug. Wolkenähnlich steigen sie hoch und gehen nieder, irgendetwas flattert, schwebt, gaukelt oder fliegt, rudert oder taumelt immer über uns.

Wenn es bei einem der Freunde knallt und ein Schof in meiner Nähe ist, wirbelt er durch den Knall irritiert durcheinander und versucht an Höhe zu gewinnen. Meistens erfolg-

reich, um sich der Reichweite meiner Schrote zu entziehen. Immer wieder nehme ich die Flinte hoch, wenn Vögel erscheinen, aber beim Näherkommen entpuppen sie sich dann als Störche, Ibisse, Reiher oder Papageienvögel.

Als die Sonne am Horizont erscheint und langsam ihre Bahn über die Reisfelder zieht, machen wir Schluss. Am liebsten würde ich den ganzen Tag in den Reisfeldern verbringen und über den Reichtum an Tieren und Pflanzen in dieser üppigen Welt staunen, aber eine Ausbeute von knapp 100 Enten, dazu bereichern Tauben meine Strecke, soll genügen. Die faszinierenden Stimmungsbilder in der ursprünglichen Wildheit der Reisfelder haben mich erneut in ihren Bann gezogen, aber wir haben genug Beute gemacht.

Ich denke an den Ausspruch eines Flintenschützen aus England, der an einem Tag über 1.200 Moorhühner schoss. Danach wurde er nachdenklich und sagte zu seinem Freund: „I think, we overdid it“ (Ich fürchte, wir haben es übertrieben).

Man könnte den ganzen Tag sitzen, stehen, warten und staunen, aber wir wollen es für heute gut sein lassen, wollen es nicht übertreiben.

Die nächsten Tage meiner Uruguay-Reise soll es den Tauben gelten.

Mühsam quält sich die Sonne durch den grauen Nebel, sie ist eher zu ahnen, als zu sehen. Wir haben den Geländewagen kaum verlassen und unsere Flinten zusammengesetzt, da nimmt Bogi bereits seine Waffe hoch, es knallt zweimal, und zwei Tauben fallen zu Boden. Minuten später trudelt auch meine erste Taube aus dem Himmel.

Ein herrlicher Morgen. Milchiger Dunst hält sich zwischen den dunkelgrünen Bäumen, als wir an der Kante eines Sonnenblumenfeldes entlangwandern. Dunkel, verkohlt, als sei ein Feuer über den Schlag gezogen, ragen die schwarzen Stängel nach oben. Wie tellerförmige breite Trauben hängen die Köpfe voller brauner Kerne schwer nach unten. Gaucho ist am Tag zuvor frühmorgens, als noch Tau auf dem Land lag, hinausgeritten, um die Felder, 100 und mehr Hektar groß, abzugehen, zu beobachten, wie die Tauben fliegen werden, welche Plätze sie bevorzugt anstreichen, wo sie sich niederlassen und woher sie kommen. Der Acker war als erfolgsträchtig eingestuft worden.

Der Mann hat gut beobachtet. Einzeln, zu zweit, seltener in größeren Schwärmen streichen sie über das große Feld dahin. Bald haben wir eine der Hauptflugrichtungen erkannt, und dort stelle ich mich mitten in das Feld.

Lange dauert es nicht, dann streichen Tauben über mich hinweg. Mal sind es große, schwerfällig fliegende „Palomas del Monte", dann eine „Paloma al Manchada", eine Felsentaube, aber auch flinke „Torcazas" kommen zu ihren Äsungsflächen.

Nach einer Stunde liegen knapp 50 Vögel um mich herum.

Dann verlagert sich der Strich nach Süden, und ich wandere durch die brüchigen hohen Sonnenblumen ebenfalls dorthin. Die verdorrten Strunke und Halme brechen laut und splittern unter meinen Füßen, aber schon bald habe ich wieder einen günstigen Stand gefunden.

Die lichten Stauden bieten allerdings wenig Deckung. Nur wenn ich mich tief auf die Erde ducke, reicht es, sich vor den Augen der anstreichenden Vögel zu verbergen.

Als Kinder besaßen wir kleine Holzfiguren, an Gummibändern aufgezogen, mit vielen Gelenken. Durch Knopfdruck auf die Unterseite fielen sie in sich zusammen, ließ man den Knopf los, richteten sie sich sofort wieder in strammer Haltung auf. Schmunzelnd denke ich an diese Jugenderinnerung, an unsere Stehaufmännchen. Genauso komme ich mir hier vor. Vom ständigen In-die-Knie-Gehen und wieder Aufstehen schmerzen meine Gelenke.

Hoch streichen die Tauben über mich hinweg. Von links, dann von rechts, mal niedrig, mal sehr, sehr hoch, wenn sie mich eräugt haben, im wilden Zickzackflug aufsteilend, jeder Schuss eine Herausforderung. Manchmal ist für mehrere Minuten keine Bewegung am Himmel, dann kommen mit einem Mal so viele Tauben, dass ich mit dem Nachladen kaum folgen kann. Schon bald muss ich die vierte Schachtel mit 25 Patronen öffnen.

Bei diesem Taubenreichtum – man spricht hier von einer Plage – und einer Tagesstrecke von vielen Hundert Vögeln ist man enttäuscht, glaubt, der Strich sei vorüber, wenn für einige Minuten kein Vogel in der Luft ist.

Dann gelingt mir die erste Dublette auf die ganz kleinen Tauben. Von vorn streichen sie auf mich zu, und nach den Schüssen werden die zarten Vögel durch ihre rasante Geschwindigkeit noch viele Meter weiter durch die Luft getragen, bis sie zu Boden stürzen. Die kleinen weichen Flaumfederchen schweben derweil in die andere Richtung.

Die morgendliche Kühle ist den wärmenden Strahlen der höher steigenden Sonne gewichen. Ab und zu streichen nun auch von hinten Vögel herbei. Nachdem ich einige verpasse, schaue ich nur noch nach vorn, bin sonst überfordert.

Die langen Schatten der verdorrten Sonnenblumenstängel und auch mein eigener werden kürzer, und fast schlagartig sind kaum noch Tauben am Himmel. Offenbar wurden sie durch die tief stehende Sonne geblendet, denn unvorsichtige Bewegungen nahmen sie kaum wahr. Je höher die Sonne aber steigt, desto misstrauischer, vorsichtiger fliegen sie. Die kleinste Bewegung veranlasst einzelne Tauben, augenblicklich nach oben zu steigen, einen ganzen Flug, sich in wildem Durcheinander fallen zu lassen oder flatternd seitlich auszuweichen.

Palomas del Monte erkenne ich, lange bevor sie in Schussdistanz sind, kann mich noch kleiner machen und, wenn sie nah genug sind, in Ruhe schießen. Nähern sich Torcazas, sind sie oft schon wieder zu weit entfernt für einen schnellen Schuss, bevor ich sie überhaupt registriert habe. Aber diese schnellen Schnappschüsse, ohne Überlegung, ohne nachzudenken, sind die erfolgreichsten.

Irgendwann ist der Zeitpunkt erreicht, wo Drang und Trieb, möglichst viele Vögel zu erlegen, nachlassen. Ich konzentriere mich nur auf solche, die besondere Schussbilder hinterlassen, die ich dann in meiner Erinnerung mit nach Hause nehmen kann.

Wunderschön, als leuchtender Farbkontrast zwischen den braunen Stauden, stehen zwei Königskerzen, deren goldgelbe Farbe das Auge erfreut. Neben mir entdecke ich einen Gürteltierbau. In und an den Sonnenblumen schweben Federn, liegen auf dem Boden oder werden vom Wind fortgetragen. Tauben gurren, und dann reißt mich das heisere Schrecken eines Stück Axiswildes aus meinen Träumereien.

Schließlich kommt Bogi mit seiner Hündin Bella, einer Pointadora. Ihre Mutter war ein Pointer, ihr Vater ein Labrador. Goldgelb in der Färbung, hat sie den schweren Kopf vom Labrador, die elegante Statur aber eher vom Pointer. Bella sucht, findet und bringt, sucht, findet und bringt ohne Pause, unermüdlich, bis schließlich 68 große und 16 kleine Tauben sowie drei Enten, die Strecke eines erfolgreichen Morgens, vor mir liegen.

Am Abend hocke ich im hüfthohen Pampasgras und erwarte die Vögel auf ihrem Strich zu den Schlafplätzen von den Sonnenblumenfeldern her.

Die Sonne im Rücken, stehe ich an einem Rinnsal in einem Tal, das links und rechts von Eukalyptuswäldern auf einem Hügel begrenzt wird. Fast eine Art Zwangspass für die Vögel. Anfangs streichen sie sehr hoch, aber nicht so schnell wie noch am Vormittag. Ich brauche nicht ständig in die Knie zu gehen, wenn ich die kleinen schwarzen Punkte am Horizont auf mich zuschießen sehe. Das Gras gibt mir Deckung, zumal ich in einem Loch stehe und nur den Rücken krümmen, den Kopf senken und unter der breiten Hutkrempe hervorschielen muss, um von den scharfen Augen der Vögel unentdeckt zu bleiben.

Direkt über mich hinweg oder wenige Meter an mir vorbei versuchen sie zu entkommen, und die Schüsse sind relativ einfach. Es sind fast ausschließlich einzelne Tauben. Aber

dann folgt noch einmal ein Highlight: Es kommen Schwärme, Hunderte von Tauben. Die Menge macht mich so konfus, dass ich sechsmal hintereinander pudele.
Als die Riesenflüge vorüber sind, die Vögel wieder einzeln kommen, schieße ich besser. Selten streichen Tauben zu hoch für einen sicheren Schrotschuss, oft so flach, dass ich nur schließen kann, weil ich allein auf weiter Flur stehe.
Es ist noch sehr warm. Die Sonne brennt. Der tiefblaue Himmel ist bedeckt mit weißen Kumuluswolken, die sich allmählich verdichten. Zwei kleine Schmetterlinge gaukeln vorüber, aber ich beobachte sie nur kurz aus dem Augenwinkel, das Schauspiel am Himmel ist zu faszinierend, als dass ich mir mehr Zeit für die hübschen Falter nehme.
Nach drei Stunden erscheint der Geländewagen von Bogi, und die beiden Hunde gehen ohne Befehl ihrer Arbeit nach: Suchen, Aufnehmen, Bringen. Nach einer halben Stunde liegen über 100 Tauben vor uns. Der Jagdherr ist zufrieden, die Hunde sind zufrieden, aber mittlerweile recht müde, mir geht es ebenso. Bescheidenheit ist eine jägerische Tugend, diesmal habe ich sie vergessen, habe aus dem Vollen geschöpft und bereue es nicht.
Hector, einer der Gauchos, der mir beim Schleppen meiner Beute behilflich ist und mit dem ich dann vor dem Herrenhaus die Strecke lege, strahlt mit mir um die Wette, aber er bemerkt auch meinen nachdenklichen Gesichtsausdruck über die vielen erlegten Vögel. „Hasta la muerte todo es vida!“ (Bis zum Tod ist alles Leben!), strahlt er, erfreut über die Abwechslung auf seinem Speiseplan. So lautet seine Lebensphilosophie, die Philosophie der Gauchos in der Pampa von Uruguay.
Abends gibt es wieder Taubenbraten satt. Wir sitzen auf der großen Veranda, blicken über den Río Uruguay, schlürfen Mate, unterhalten uns über die vergangenen Tage, und irgendwann wiederholt Pedro, als er meine nachdenkliche Miene realisiert: „Senor, hasta la muerte todo es vida!“, danach herrscht lange Schweigen. Nur die Stimmen der Natur sind zu hören.